Unity应用开发实战案例

程明智　陈春铁　编著

電子工業出版社
Publishing House of Electronics Industry
北京·BEIJING

内 容 简 介

本书以 Unity 应用案例的实际开发过程为例，讲述 Unity 2017 版本软件的使用方法。全书共 9 章，每章介绍 1 个实际案例，包括 Unity 场景漫游作品制作案例、射击类游戏作品制作案例、关卡类游戏作品制作案例、AR 形式 App 作品制作案例、基于全景图片的漫游作品制作案例、基于 Arduino 外设的体感游戏作品制作案例，基于 Unity3D 的 2D 小游戏（八分音符）制作案例、基于 Unity3D 的 AR 形式 App 作品制作案例，以及 VR 云编辑器（创视界）及其实战案例。这些案例基本涵盖了 Unity 应用中的所有知识点，也涵盖了使用 Unity 进行作品开发时的大部分作品类型，便于读者掌握并提升基于 Unity3D 的实际动手能力。

本书的主要特点是强调案例教学，配套资源包括书中所涉及的素材和案例工程文件。

本书可作为高等院校数字媒体和虚拟现实应用技术相关专业的教材，也可作为学生、教师以及一线工程师的学习参考书。

图书在版编目（CIP）数据

Unity 应用开发实战案例 / 程明智，陈春铁编著. —北京：电子工业出版社，2019.3
ISBN 978-7-121-35956-9

Ⅰ. ①U… Ⅱ. ①程… ②陈… Ⅲ. ①游戏程序－程序设计 Ⅳ. ①TP317.6

中国版本图书馆 CIP 数据核字 (2019) 第 015343 号

策划编辑：宋 梅
责任编辑：宋 梅 文字编辑：满美希
印 刷：北京天宇星印刷厂
装 订：北京天宇星印刷厂
出版发行：电子工业出版社
北京市海淀区万寿路 173 信箱 邮编：100036
开 本：720×1000 1/16 印张：13 字数：262 千字
版 次：2019 年 3 月第 1 版
印 次：2023 年 8 月第 9 次印刷
定 价：49.00 元

凡所购买电子工业出版社图书有缺损问题，请向购买书店调换。若书店售缺，请与本社发行部联系，联系及邮购电话：（010）88254888，88258888。

质量投诉请发邮件至 zlts@phei.com.cn，盗版侵权举报请发邮件至 dbqq@phei.com.cn。

本书咨询联系方式：mariams@phei.com.cn。

前　言

随着信息技术的发展，近年来互联网游戏等数字内容应用发展迅速，在娱乐、文化创意等领域遍地开花。国家发布的《高技术产业（服务业）分类（2018）》中特别增加了动漫、游戏数字内容服务（6572）、互联网游戏服务（6422）等小项。在这种旺盛的产业需求背景下，数字媒体领域相应的人才短缺情况日益严重，使国内各层次高校、职业教育学校开办数字媒体相关专业的数量呈现出快速增长的态势。教育部也给予了及时的政策支持，2018 年 9 月确定了《普通高等学校高等职业教育（专科）专业目录》，增补的 3 个专业中就包括虚拟现实应用技术专业，2019 年开始招生。但是专业课程的师资短缺是个现实问题，本书的出版也正是基于这一实际需求，旨在能对开设或拟开设 Unity 课程的高等院校相应专业提供一些帮助。

作为一款实践操作性很强的平台软件，Unity 基本是数字媒体相关专业必开的专业课程。但是，要讲好这门课，往往需要任课教师具备一定的实际开发经验，而这对学校教师来说不是一件容易的事情。当然，也可以外请企业一线工程师进课堂讲授 Unity 课程，只是给学生上课和自己动手开发毕竟还是两回事，实际教学效果往往不会太好。编著者所在的北京印刷学院数字媒体技术专业是 2009 年开始招生的，2012 年选定 Unity3D 引擎作为“游戏开发技术”课程的讲授内容，上述困难也都一一经历过。

作为北京印刷学院数字媒体技术专业游戏开发课程群的负责人，编著者在已有的 6 届 Unity 课程教学过程中，从 Unity 3.1 到目前的 Unity 2017 都讲授过，积累了一些教学资源，也逐渐总结了些许心得。我们的心得就是：针对 Unity 课程采取案例教学模式。本书通过讲授不同层面的案例，包括 Unity 场景漫游作品制作案例、射击类游戏作品制作案例、关卡类游戏作品制作案例、AR 形式 App 作品制作案例、基于全景图片的漫游作品制作案例、基于 Arduino 外设的体感游戏作品制作案例、基于 Unity3D 的 2D 小游戏（八分音符）制作案例、基于 Unity3D 的 AR 形式 App 作品制作案例、VR 云编辑器（创视界）及其实战案例，基本涵盖了 Unity3D 引擎应用中的知识点，也涵盖了 Unity3D 引擎善于实现的大部分作品类型，便于读者掌握并提升基于 Unity3D 的实际动手能力。从我们目前的实际教学效果看，对于我校这种应用型人才培养定位的院校而言，案例教学模式还是可行的。

为了更好地支撑 Unity3D 引擎课程的案例教学模式，本书以 Unity 2017 版本为例，每章介绍一个实际案例。同时，本书在文字表述及教学资源准备方面还具有如下两个特点。

（1）书中介绍的每个操作步骤都配有 Unity 软件的界面截图，每个步骤都以实验指导书的形式进行图文表述，便于教师备课和学生自学。每个案例相互独立，不需要先修知识。这样，即使学生没有学会前面章节的内容，也不会影响学习后面内容。

（2）根据编著者多年的教学经验，在讲授 Unity3D 引擎的课程时，教师往往都不可能从素材（模型、贴图、音频、视频等）的制作开始讲授，而是使用已有素材在 Unity 软件中完成逻辑实现。所以本书针对每个案例，配套有 Start 工程文件（案例制作过程中所用到的素材）和 Complete 工程文件（最终作品的工程文件），用 Unity3D 引擎打开 Start 工程文件后，根据书中的操作步骤一步一步地完成，就能够制作出 Complete 工程文件中的内容，这样就较好地解决了教师 Unity 开发经验不足的问题。

作为教育工作者，编著者将这些心得和教学资源以图书的形式出版，一方面是希望为已开设 Unity 课程的高等院校的同人提供些许借鉴，以提升教学质量；另一方面也是希望为正在准备开设相应课程的高等院校的教师们打气鼓劲，无论是具有计算机背景的教师还是艺术背景的教师，都是可以讲好 Unity 课程的！

本书由程明智、陈春铁编著，参与编写的还有舒后、李旸、史羽天、张栌月、郭晓春、谭江霞、薛亚田、李豪、田林果。在本书撰写过程中，得到了北京知感科技有限公司及其职员张宇超、朱云飞等的大力帮助，他们为本书第 9 章内容提供了资料。北京知感科技有限公司是一家专注于虚拟现实软、硬件产品研发的科技型企业，拥有丰富的数字内容开发经验。本书第 9 章内容涉及该公司的一款 VR 云编辑器及其实战案例，这款作品的主要特点是操作简单、不需要编程基础。在此向他们表示衷心的感谢！在本书的教学资源中，有部分素材是编著者在接受 Unity 培训时曾经用到的素材，在此感谢曹鸿和孙晓哲老师。

由于近年来虚拟现实应用开发技术发展迅速，Unity 软件版本更新也很快，同时受编著者自身水平所限，本书难免存在疏漏和不足，敬请广大读者提出宝贵的意见或建议！

本书配有教学资源，如有需要，请登录电子工业出版社华信教育资源网（www.hxedu.com.cn），注册后免费下载。

编著者

2019 年 1 月

目　录

第 1 章　Unity 场景漫游作品制作案例

▷▷ 1.1　作品简介

本作品面向刚开始学习 Unity3D 引擎的新手，旨在帮助大家快速理解 Unity3D 的基本结构及开发流程。本作品将带领大家学习一个简单场景漫游的制作流程，以及 Unity3D 中需要掌握的添加地形、树木、花草、人物、天空等操作流程。

▷▷ 1.2　开发环境介绍

- 开发环境：Unity3D。
- 版本：Unity 2017.3.1f1。
- 下载地址：https://unity3d.com/cn/get-unity/download/archive?_ga=2.128253066.72398840.1529897639-1968088170.1520318895。

▷▷ 1.3　实现过程

▷▷▷ 1.3.1　Unity 引擎安装说明

登录 Unity3D 官网（www.unity3d.com），单击屏幕右上角“Get Unity”，选择免费试用版本，勾选选择框，并单击下方“Download Installer for Windows”进行下载。下载过程持续时间较长，请耐心等待。安装过程如图 1-1 所示。

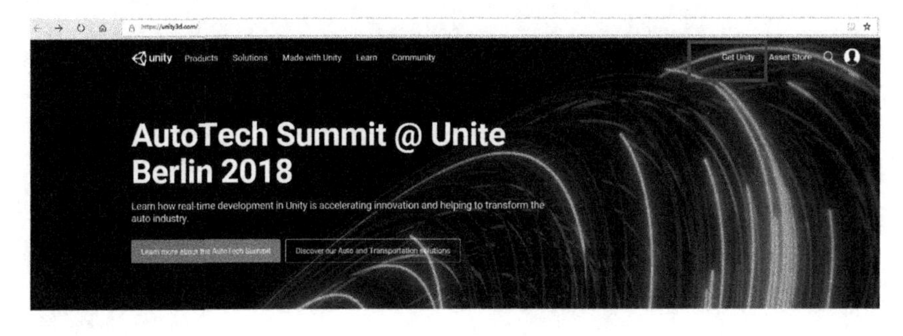

图 1-1　安装过程

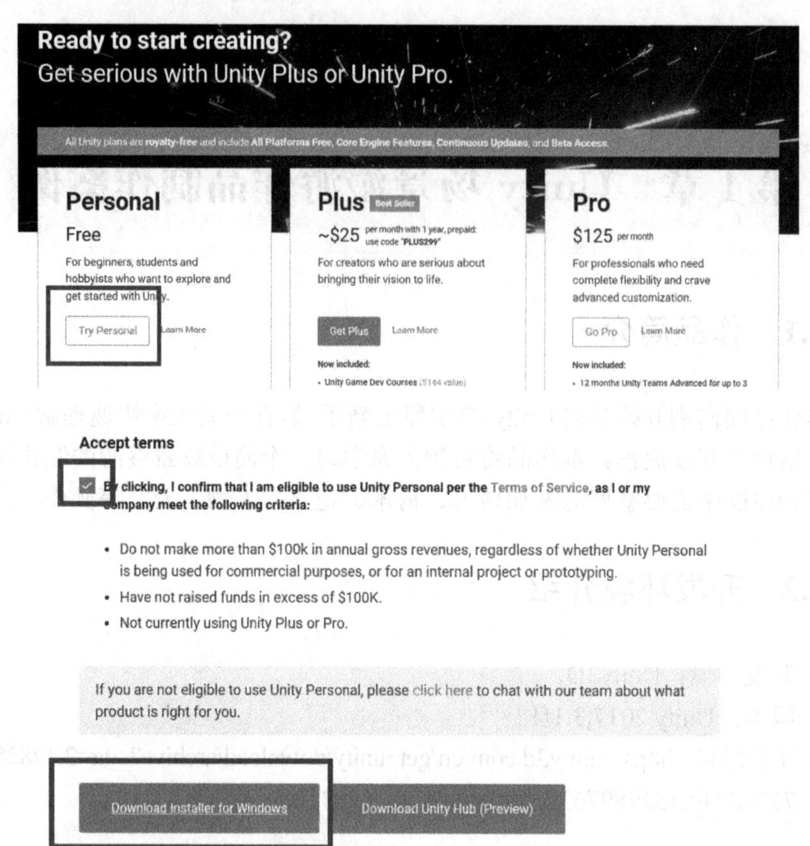

图 1-1　安装过程（续）

▷▷▷ 1.3.2　创建工程文件

打开 Unity，单击“New”创建新的工程文件。创建工程文件页面如图 1-2 所示。

图 1-2　创建工程文件页面

▷▷▷ 1.3.3　新建场景

新建场景并命名为 changjing（注意，Unity 文件名称中不能出现中文），选择工程文件存储的路径，单击“Creat project”按钮完成创建。新建场景页面如图 1-3 所示。

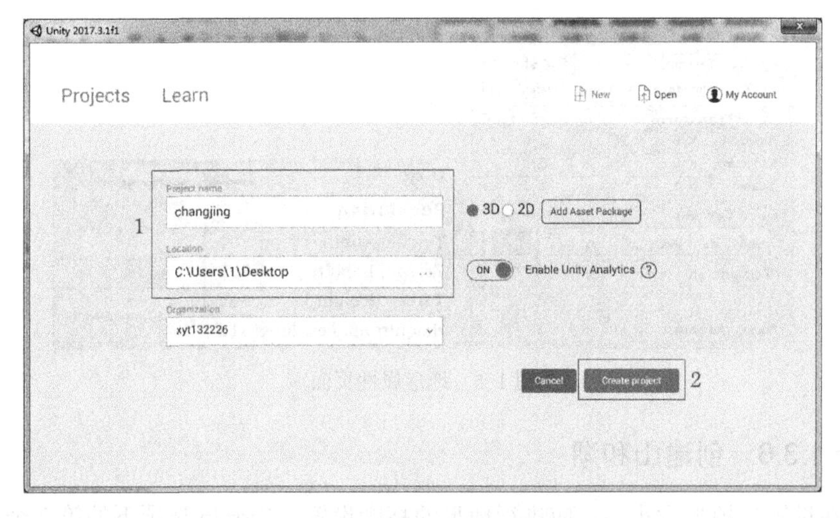

图 1-3　新建场景页面

▷▷▷ 1.3.4　创建地形

在 Hierarchy 面板（层次视图）中依次选择“Create”→“3D Object”→“Terrain”选项创建地形（Terrain），如图 1-4 所示。

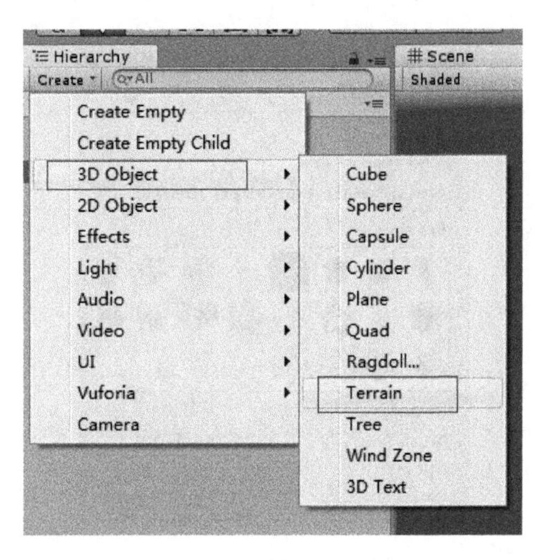

图 1-4　创建地形

▷▷▷ 1.3.5　地形大小设置

创建地形后，可对地形进行大小设置。单击 Inspector 面板（属性视图）中 Terrain 选项下的第 7 个地形工具按钮，将其长、宽、高分别设置为 500、500、600。地形属性页面如图 1-5 所示。

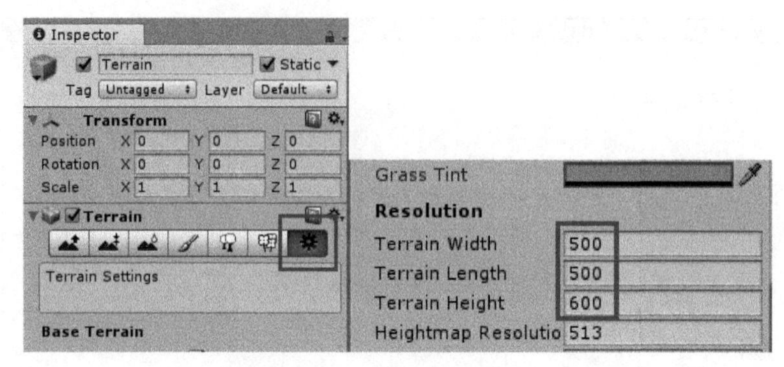

图 1-5　地形属性页面

▷▷▷ 1.3.6　创建山和湖

在设置完地形大小后，应进行地形的高度设置。Terrain 选项下的第 2 个地形工具按钮是绘制高度工具，可确定湖的深度。单击这个按钮后，设置其 Height（地形与最低处相差的高度）值为 200，单击“Flatten”按钮，如图 1-6 所示设置地形高度。之后，选择 Brushes 选项下的第 1 个地形工具建湖，按下键盘“Shift”键，同时在地形上单击鼠标左键，就可以使地形下陷。创建好地形，即可进行地形样式预览，如图 1-7 所示。

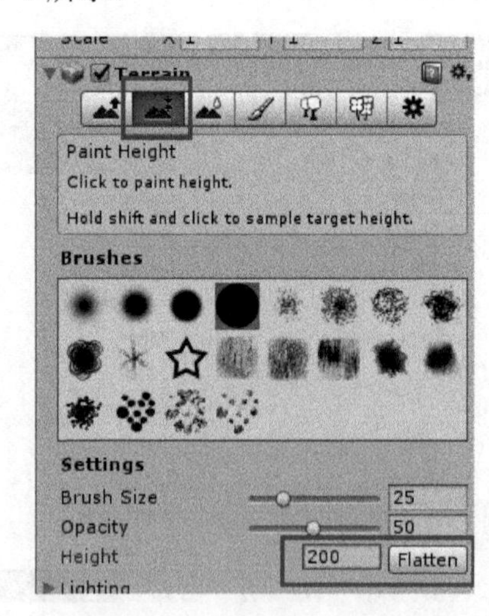

图 1-6　设置地形高度

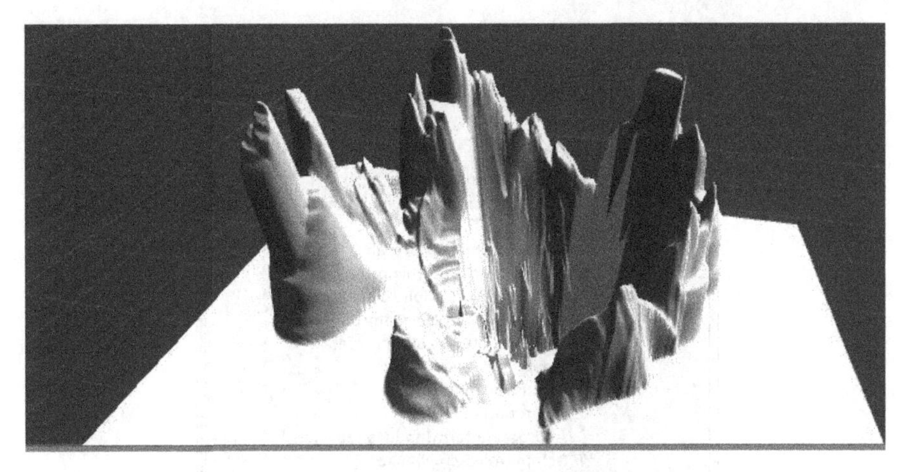

图 1-7 地形样式预览

1.3.7 添加底层贴图

使用 Terrain 选项下的第 4 个地形工具进行贴图，可以添加草地、山峰和小路。在 Project 面板（工程视图）下，导入资源包中的 Environment 文件，单击“Import”按钮完成资源导入。环境资源包路径如图 1-8 所示，环境资源包导入如图 1-9 所示。

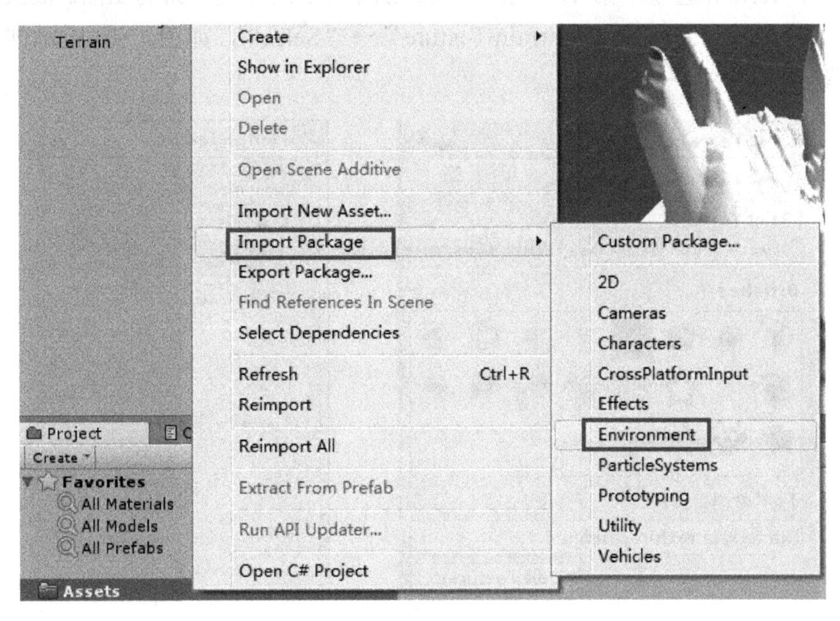

图 1-8 环境资源包路径

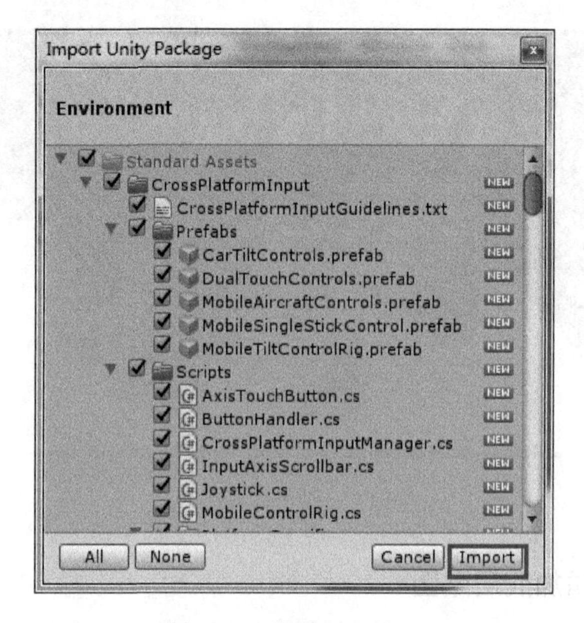

图 1-9　环境资源包导入

▷▷▷ 1.3.8　添加草地、山峰及小路的贴图

选中 Terrain 选项下第 4 个地形工具添加草地、山峰及小路的贴图。依次选择“Edit Textures…”→“Add Terrain Texture”→“Select”，如图 1-10 所示创建地形贴图。

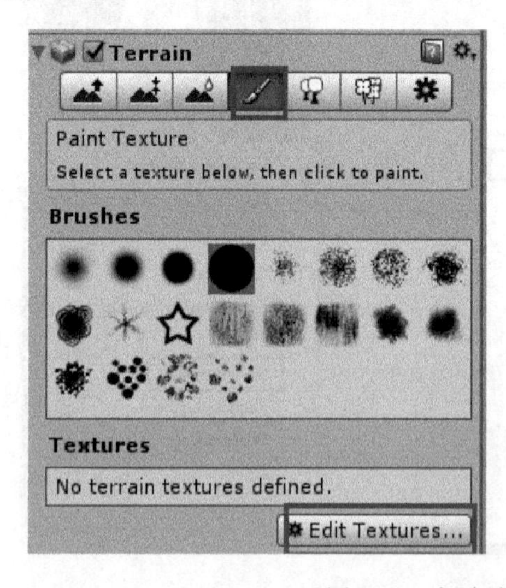

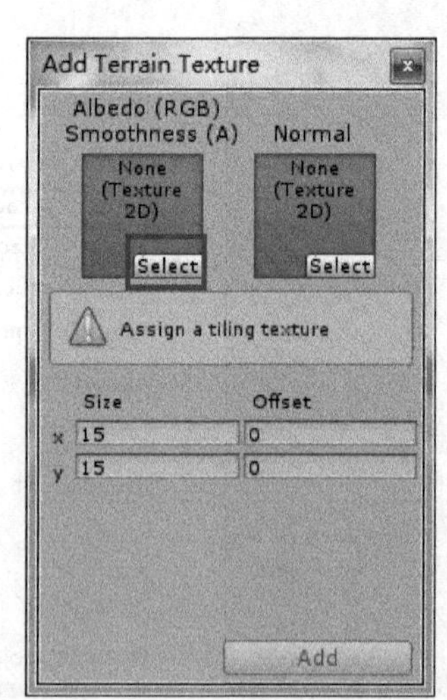

图 1-10　创建地形贴图

地形贴图文件如图 1-11 所示，从中选择 3 个贴图添加到 Texture 中。单击

“Add”按钮添加地形贴图，如图 1-12 所示。

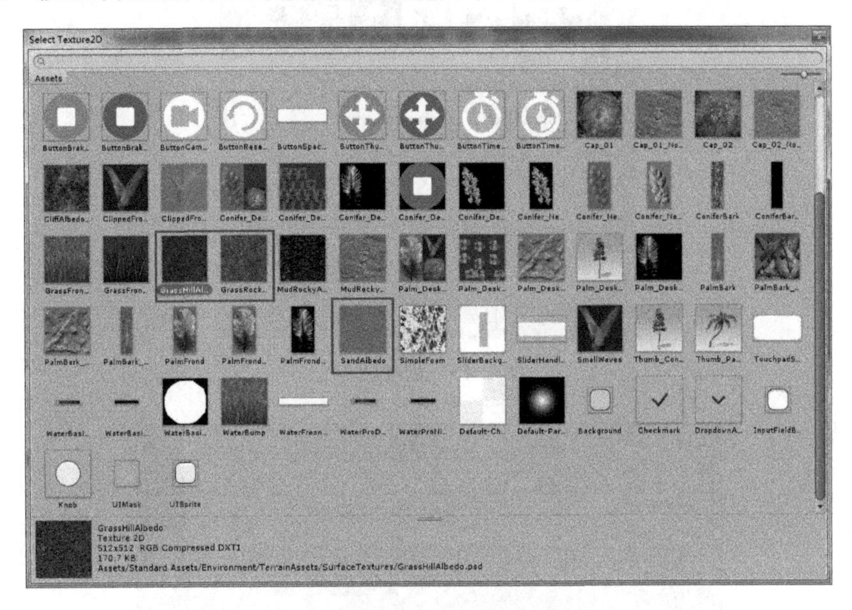

图 1-11　地形贴图文件

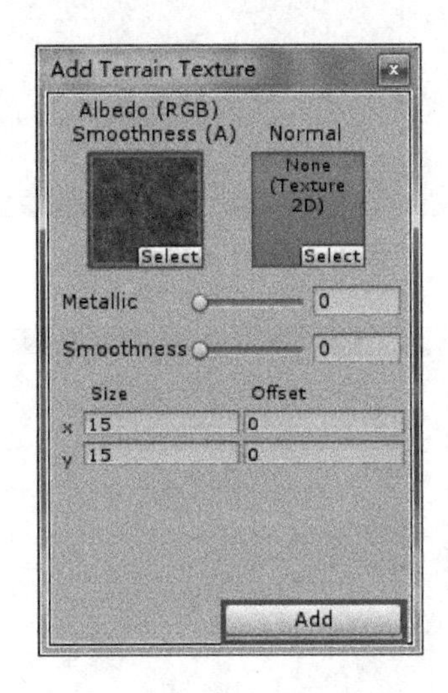

图 1-12　添加地形贴图

▷▷▷ 1.3.9　添加树木

选中 Terrain 选项下的第 5 个地形工具，依次选择“Edit Trees...”→“Add Tree”。创建树木如图 1-13 所示，寻找树木模型如图 1-14 所示，树木模型如图 1-15 所示。

图 1-13　创建树木

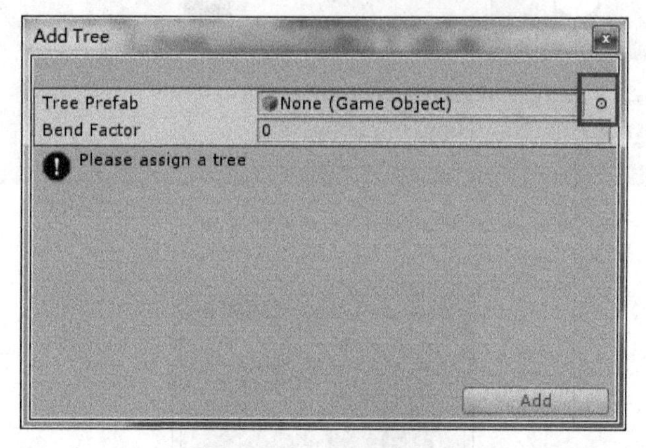

图 1-14　寻找树木模型

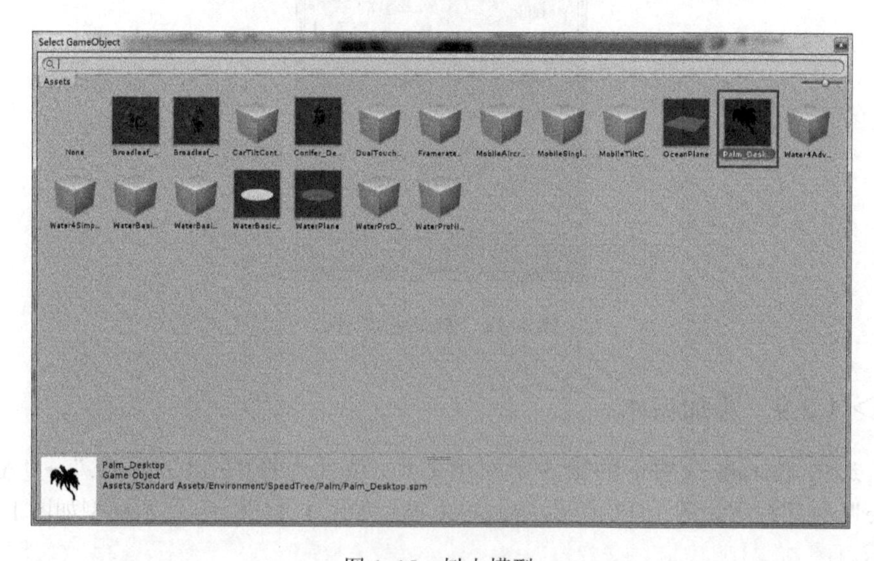

图 1-15　树木模型

选定树木模型后，还可设置一些具体的参数，包括树木种类选择、弯曲度设置、树木地形大小设置和密度设置（注意，若相机距离太远或者树木密度太小，可能会导致树的效果不明显）。地形效果图如图 1-16 所示。

图 1-16　地形效果图

▷▷▷ 1.3.10　添加草丛

选择 Terrain 选项下的第 6 个地形工具，依次选择“Edit Details”→“Add Grass Texture”选项添加草丛，如图 1-17 所示。寻找草丛文件如图 1-18 所示，草丛贴图如图 1-19 所示。

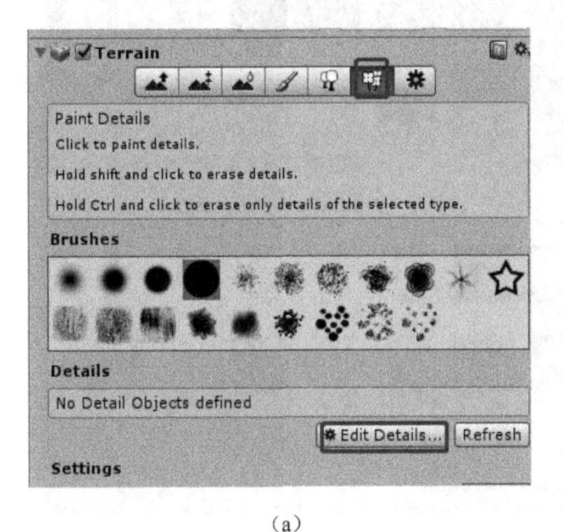

（a）

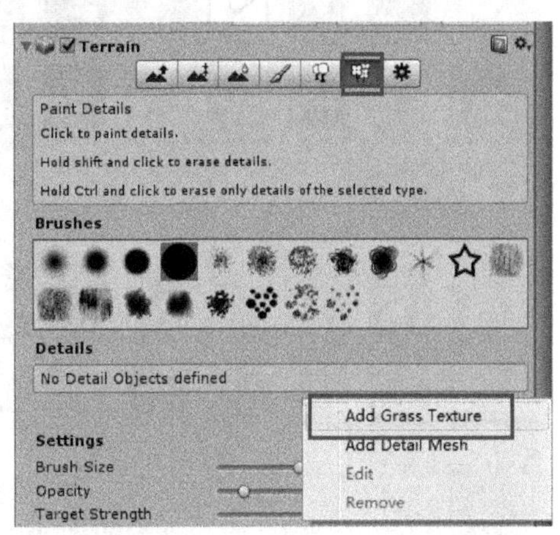

（b）

图 1-17　添加草丛

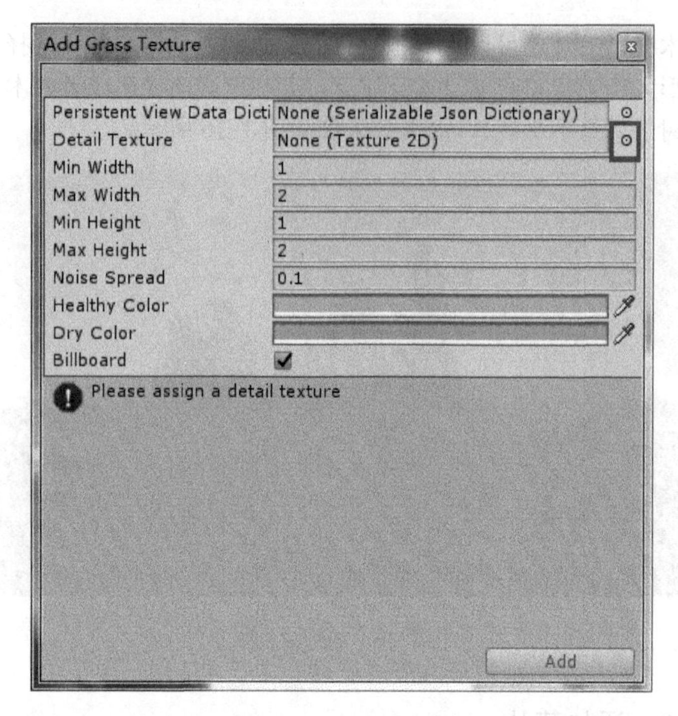

图 1-18　寻找草丛文件

图 1-19　草丛贴图

添加草丛后，还可设置一些具体参数，包括草种类的选择，草的大小设置、密度设置（注意，如果相机距离太远或者草的密度太小，可能会导致草的效果不明显）。草的效果图如图 1-20 所示。

图 1-20　草的效果图

▷▷▷ 1.3.11　添加湖水

依次选择 Project 面板下“Water”→“Water4”→“Prefabs”→“Water4Simple”选项添加湖水。Water4Simple 位置如图 1-21 所示。

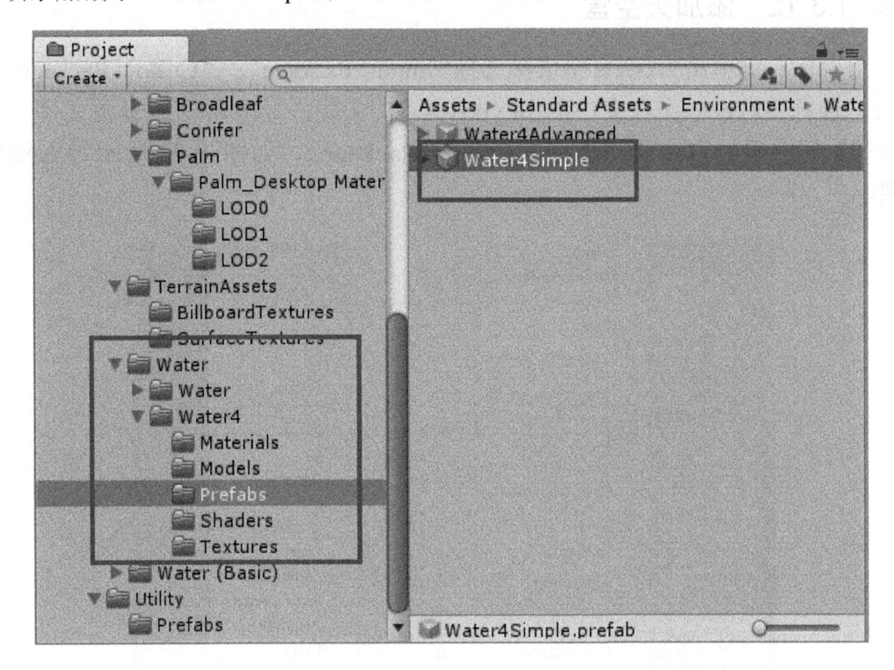

图 1-21　Water4Simple 位置

将 Water4Simple 选项（水面对象）拖曳至场景视图中，利用缩放工具将其调

整到合适的大小，如图 1-22 所示添加湖水并修改大小。

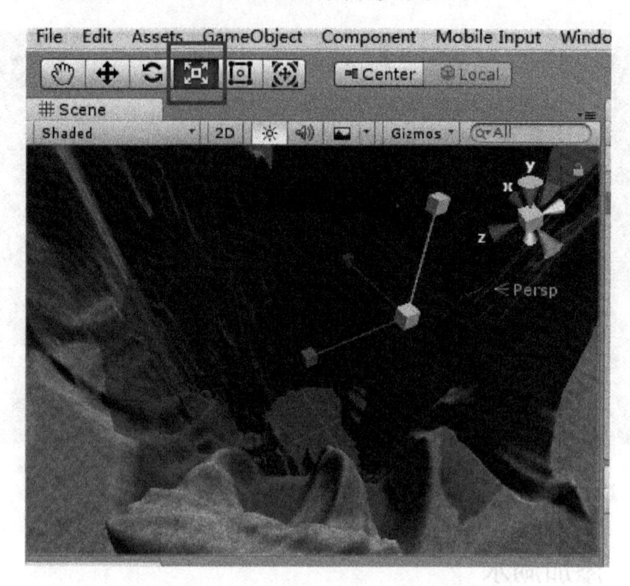

图 1-22 添加湖水并修改大小

▷▷▷ 1.3.12 添加天空盒

用鼠标右键单击“Assets”，依次选择“Import Package”→“Custom Package…”选项，选择 Skybox 文件夹中的 Skyboxes_18 文件，导入所需的资源文件。如图 1-23 所示添加自定义资源包（Custom Package），如图 1-24 所示导入资源文件。

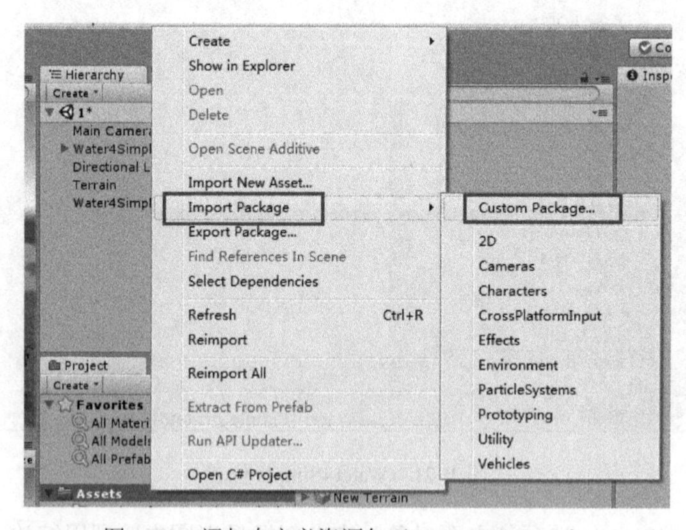

图 1-23 添加自定义资源包（Custom Package）

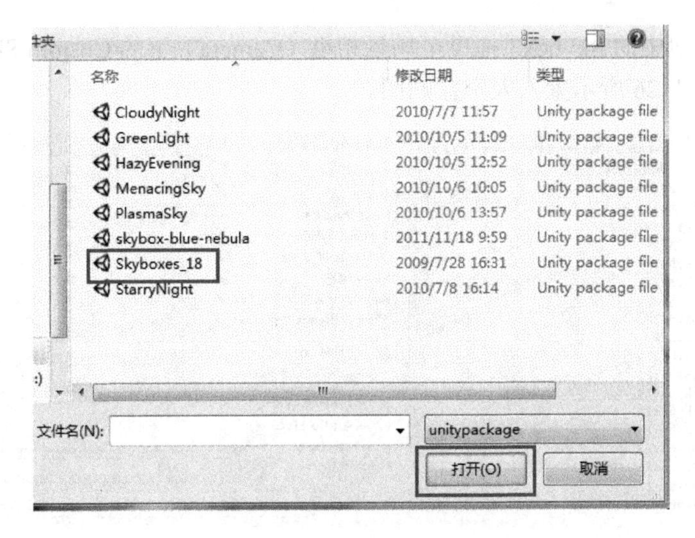

图 1-24　导入资源文件

为主相机添加天空盒（Skybox）效果，在 Inspector 面板下搜索“Skybox”并单击“Add Component”按钮，如图 1-25 所示添加天空盒效果。

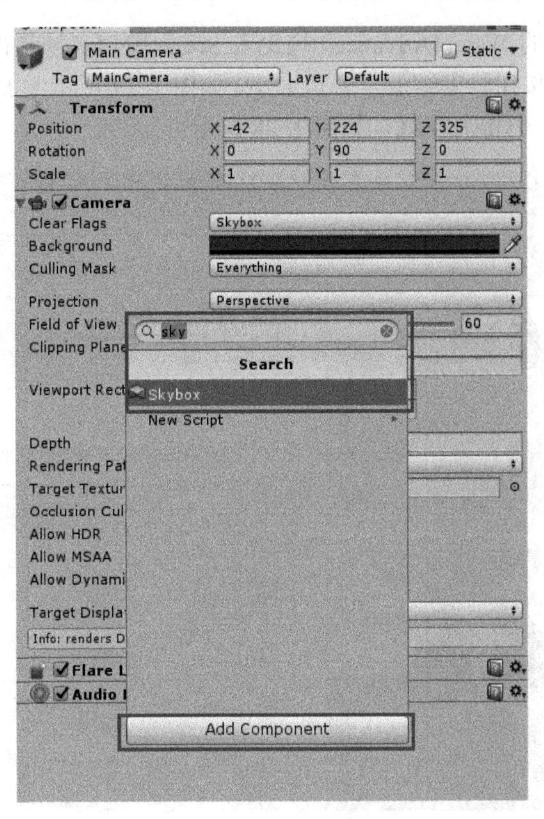

图 1-25　添加天空盒效果

将资源包中的 Skybox3 拖曳至场景相机（Camera）下的 Custom Skybox 参数框中，如图 1-26 所示置入天空盒贴图。

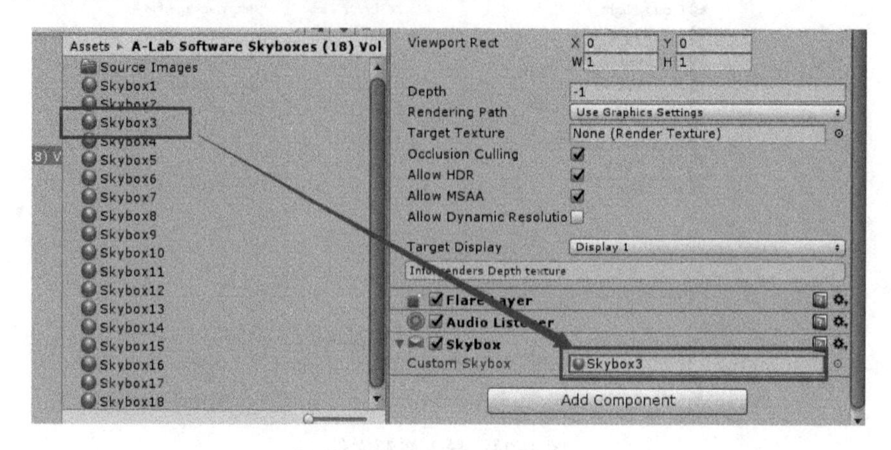

图 1-26　置入天空盒贴图

▷▷▷ 1.3.13　添加外围海水

将 Water4 下的 Water4Advanced 拖曳入 Scene 窗口（场景视图）中相应的位置，利用“缩放”按钮将其缩放至合适大小，如图 1-27 所示添加外围海水。之后，可通过地形工具，修饰海岸线，如图 1-28 所示。

图 1-27　添加外围海水

图 1-28　修饰海岸线

▷▷▷ 1.3.14　添加第一人称视角

添加第一人称视角，首先需要导入 Characters 资源包，如图 1-29 所示。

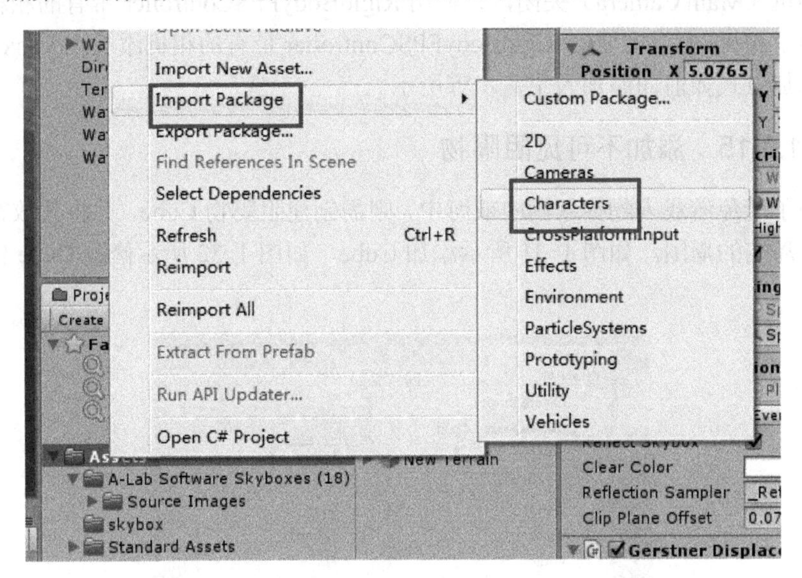

图 1-29　导入 Characters 资源包

选择 Assets 路径下“FirstPersonCharacter”→“Prefabs”→“RigidBodyFPSController”文件，将其拖曳到场景视图中，如图 1-30 所示添加第一人称视角。

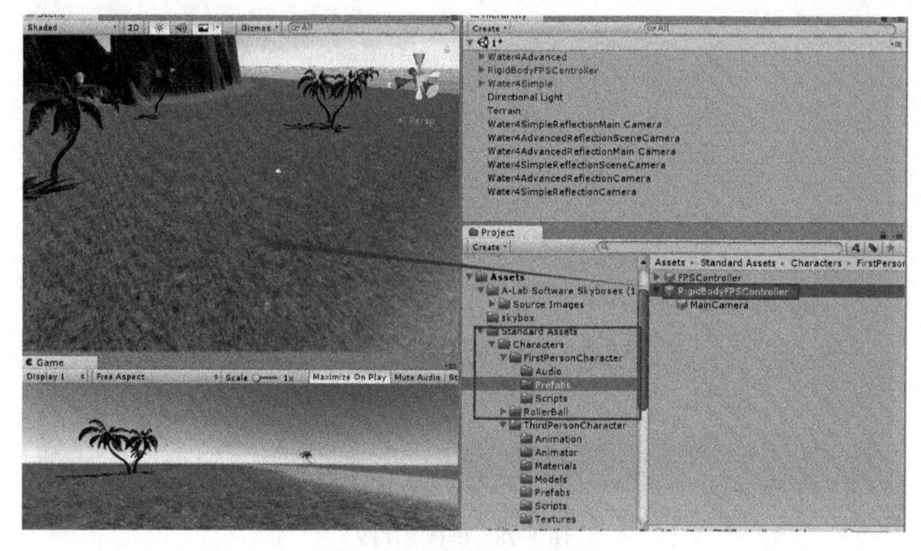

图 1-30　添加第一人称视角

因一个场景中只能存在一个相机，RigidBodyFPSController 上面带有一个相机（Main Camera），原本的场景中也存在名为 Main Camera 的相机，所以将原本场景中的相机（Main Camera）关闭，只使用 RigidBodyFPSController 带有的相机。由于更换了相机，所以需要给 RigidBodyFPSController 带有的相机添加 Skybox 组件，具体添加方式如前面添加天空盒步骤所示。

▷▷▷ 1.3.15　添加不可见阻隔物

为了避免游戏人物掉入湖中或海中，则需创建阻隔物 Cube，并将其放在湖的周围及岛屿的周围。如图 1-31 所示添加 Cube，如图 1-32 所示修改 Cube 位置及大小。

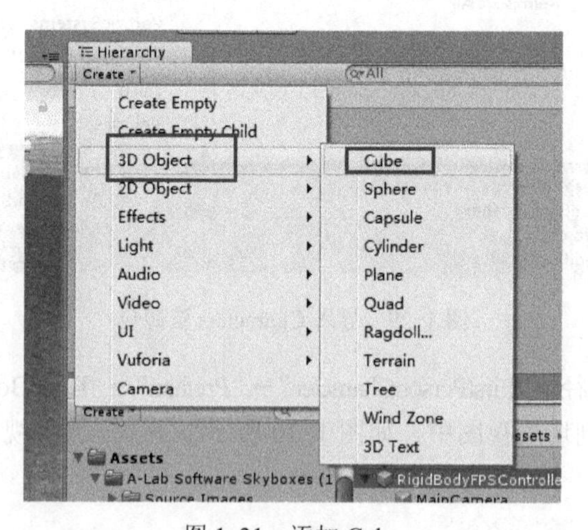

图 1-31　添加 Cube

图 1-32　修改 Cube 位置及大小

为了使墙面透明，取消勾选 Cube 的 Inspector 面板下的“Mesh Renderer”选项，即关闭 Mesh Renderer，如图 1-33 所示。

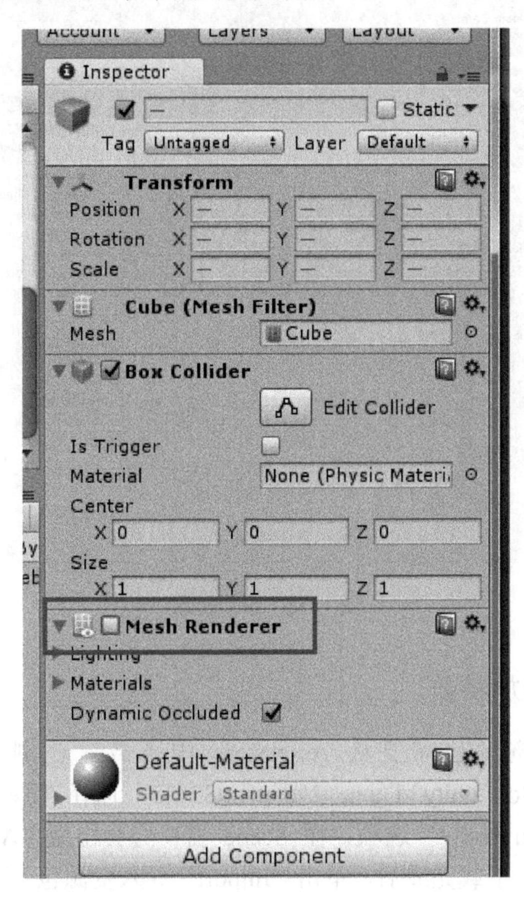

图 1-33　关闭 Mesh Renderer

▷▷▷ 1.3.16　添加平行光的阴影

添加光晕效果，在 Project 面板中单击鼠标右键选择“Import Package”→“Effects”导入资源包；操作完成后在 Assets 目录下依次选择“Assets”→“Standard Assets”→“Effects”→“Light Flares”。

选择“Directional Light”对象，在 Inspector 面板中，将光晕文件 50mmZoom 拖曳至 Flare 参数框中；同时将阴影种类 Shadow Type 的参数选择为 Soft Shadows，调节阴影的角度（按照时间来看，下午的阴影倾斜角度应该比较大）并设置其他参数。修改光晕颜色及亮度（Cookie 是通过贴图来做阴影的，这里用的是实时阴影），如图 1-34 所示添加阴影。

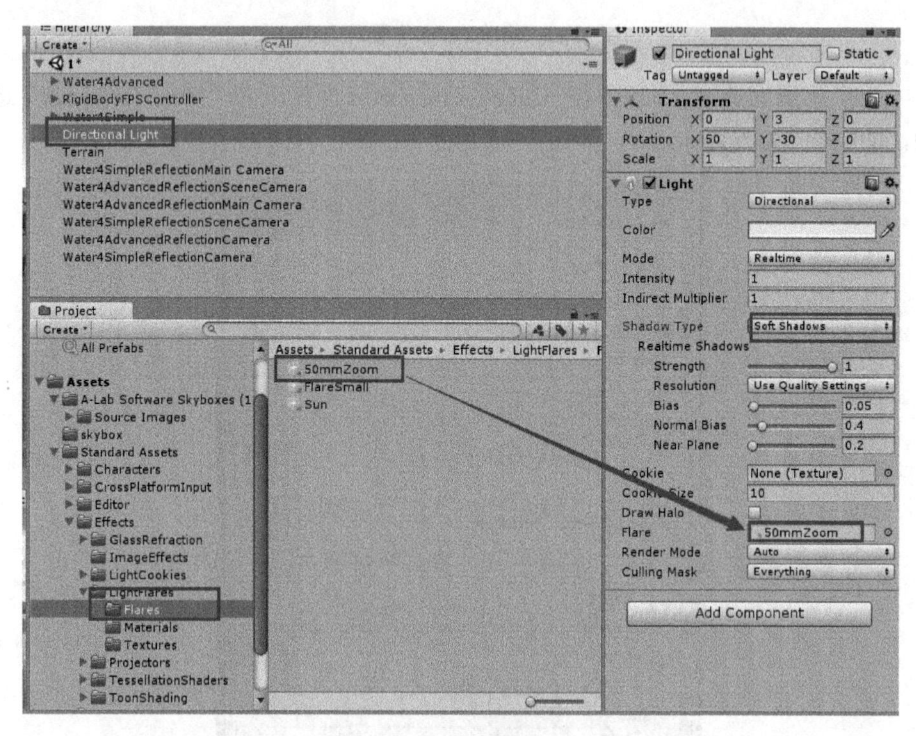

图 1-34　添加阴影

▷▷▷ 1.3.17　添加特效

添加特效的资源包需要从 AssetStore 中下载。在浏览器中输入网址 https://www. assetstore.unity3d.com/#!/content/83913，选择“添加到我的资源”选项，选择“Open in Unity”选项，在 Scene 窗口旁会出现“Asset Store”，单击“Download”按钮，下载完成后，单击“Import”导入资源包。下载特效资源包如图 1-35 所示。

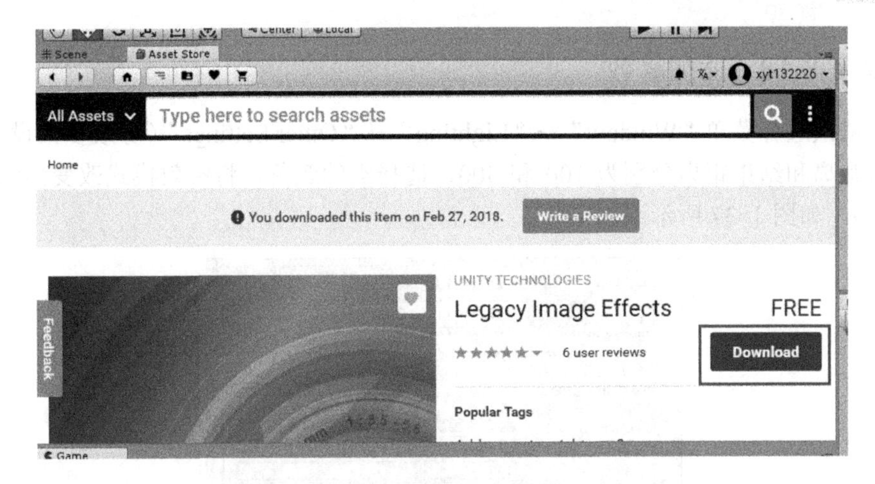

图 1-35　下载特效资源包

在 RigidBodyFPSController 带有的相机（MainCamera）上添加泛光特效（BloomAndFlares）：调节相机对应的 Inspector 面板中 Bloom 参数，使画面色彩更逼真。

增加景深（Depth of Field）：调节相机对应的 Inspector 面板中 Depth of Field 下的参数，使其近处清晰，远处模糊，主要调整 Focal Distance 下的参数。

增加体积光（Sun Shafts）：在 3DMax 中，体积光只能通过贴图实现，在 Unity 中可自行通过脚本实现，如图 1-36 所示添加特效。

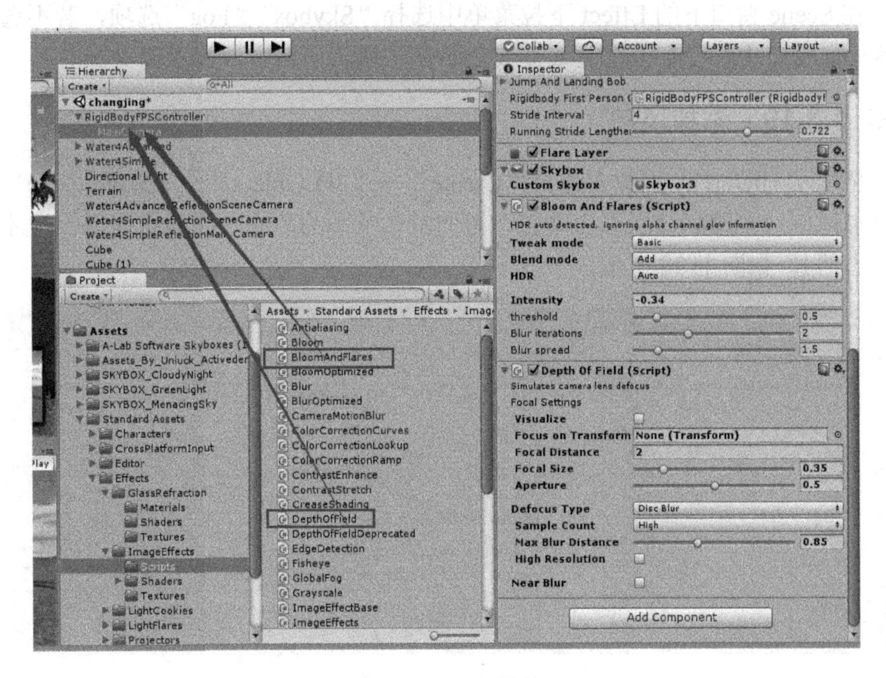

图 1-36　添加特效

1.3.18 添加雾效

依次选择菜单“Window”→“Lighting”→“Other Settings”（雾效参数设置：开始距离和结束距离分别为100和300，选择雾的颜色，将雾效模式改变为线性模式），如图1-37所示添加雾效。

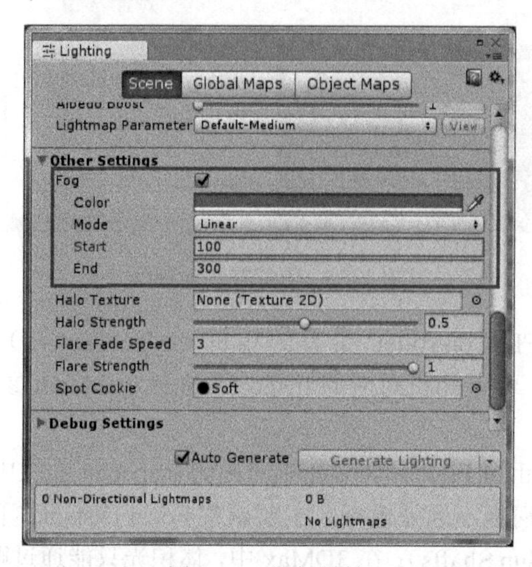

图1-37 添加雾效

在Scene窗口下的Effect下拉菜单中选择“Skybox”“Fog”选项，若不选，则Scene窗口中就没有天空盒或雾效，不便于编辑（图中未显示）。

1.3.19 添加风向

依次从Hierarchy面板中选择“Create”→“3D Object”→“Wind Zone”选项添加风向（草的默认状态为动态，树的默认状态为静态，添加风向后，树才变成动态的），如图1-38所示。

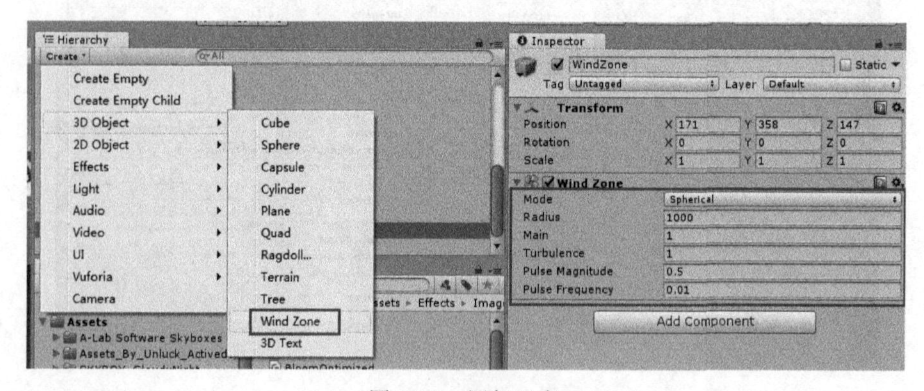

图1-38 添加风向

▷▷▷ 1.3.20　地形等高贴图的导出

选择地形对象，在 Inspector 面板中，单击画笔列的第 7 个按钮，再单击“Export Raw...”按钮，出现“Export Height Map”窗口，选择 16bit 和 Windows 后，可以导出格式为 RAW 的等高贴图，如图 1-39 所示导出等高地形图。

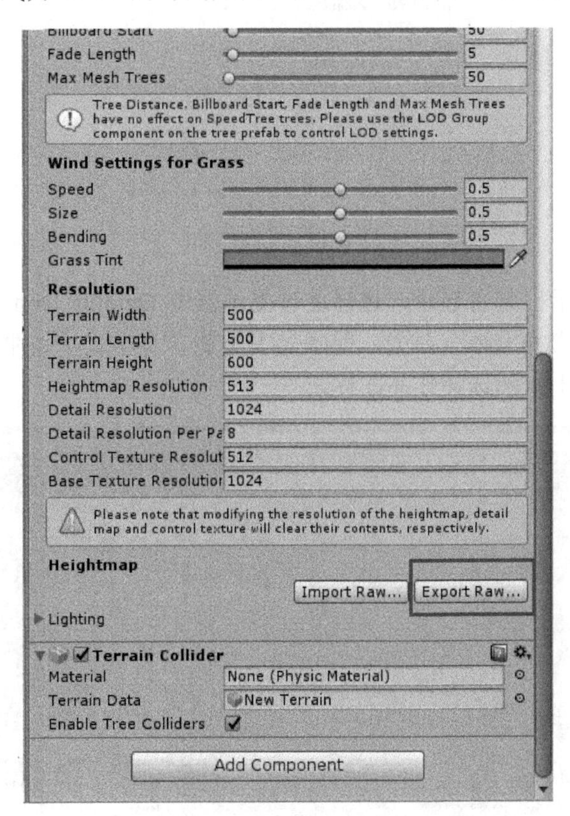

图 1-39　导出等高地形图

▷▷▷ 1.3.21　地形等高贴图的导入

新建一个场景，创建地形，选中该地形后，在 Inspector 面板中，单击画笔列的第 7 个按钮，再单击“Import Raw”按钮，就可以把导出的贴图贴到新建的地形上（注意：完成此操作步骤后，树木、花草、岩石等贴图都不见了，只有灰度地形图出现）。

▷▷▷ 1.3.22　作品发布

依次单击“File”→“Build Settings...”，如图 1-40 所示发布作品。

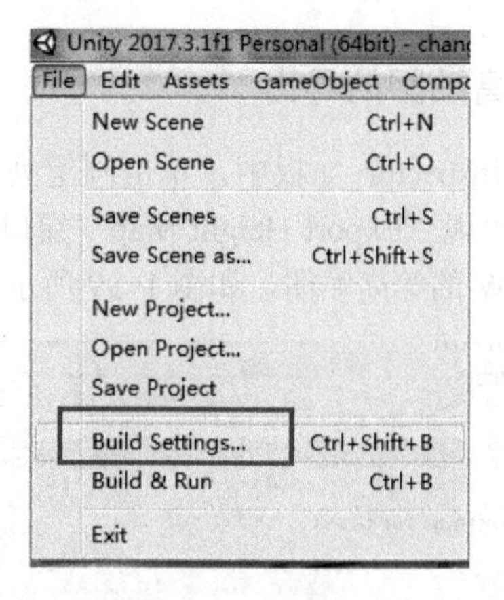

图 1-40 发布作品

设置运行提示框是否显示，选择运行提示框中 Default Icon 后面的图片，此处设置的 Icon 指软件图标（注意：路径名中不能含有中文，文件名也不能是中文名称），如图 1-41 所示选择作品图标。

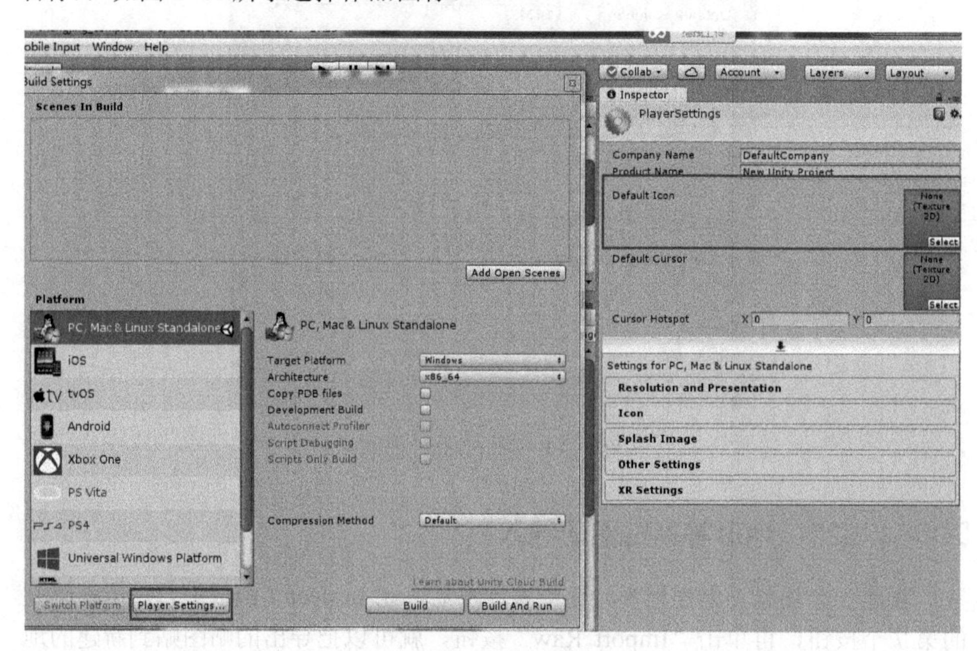

图 1-41 选择作品图标

在 Build Settings 界面中，选择要发布的平台；单击“Add Open Scenes”按钮，添加发布场景，单击“Build”按钮完成场景漫游作品的发布。

第 2 章　射击类游戏作品制作案例

2.1　作品简介

本作品是用 Unity 设计完成的一款 PC 端射击类游戏（Factory）。作品中包含了对游戏主页中“游戏开始”“游戏设置”“游戏退出”等按键的设置及对场景中物体的移动和动画的设置。通过本章的学习，可使读者对按键的设置及游戏脚本的编写有一定程度的了解。

2.2　开发环境介绍

- 开发环境：Unity3D。
- 版本：Unity 2017.3.1f1。
- 下载地址：https://unity3d.com/cn/get-unity/download/archive?_ga= 2.128253066.72398840.1529897639-1968088170.1520318895。

Start 文件中包含了游戏场景的模型、游戏启动页面的背景图片和按键的图片资源等。

2.3　实现过程

2.3.1　GUI 设置

（1）首先，创建 Plane，如图 2-1 所示。接着，将图片 BG 拖曳至 Plane 上，图片拖曳如图 2-2 所示。

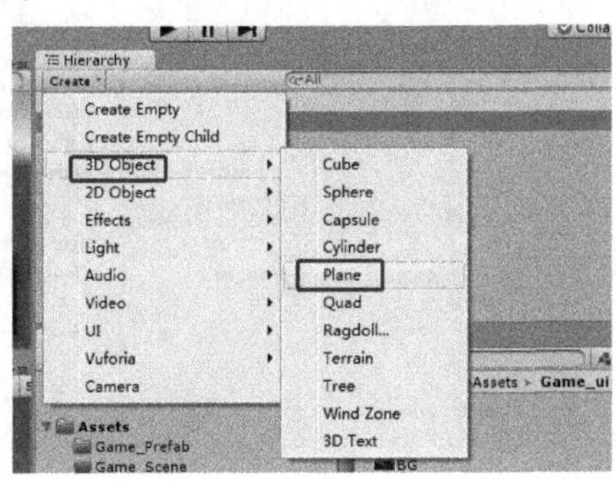

图 2-1　创建 Plane

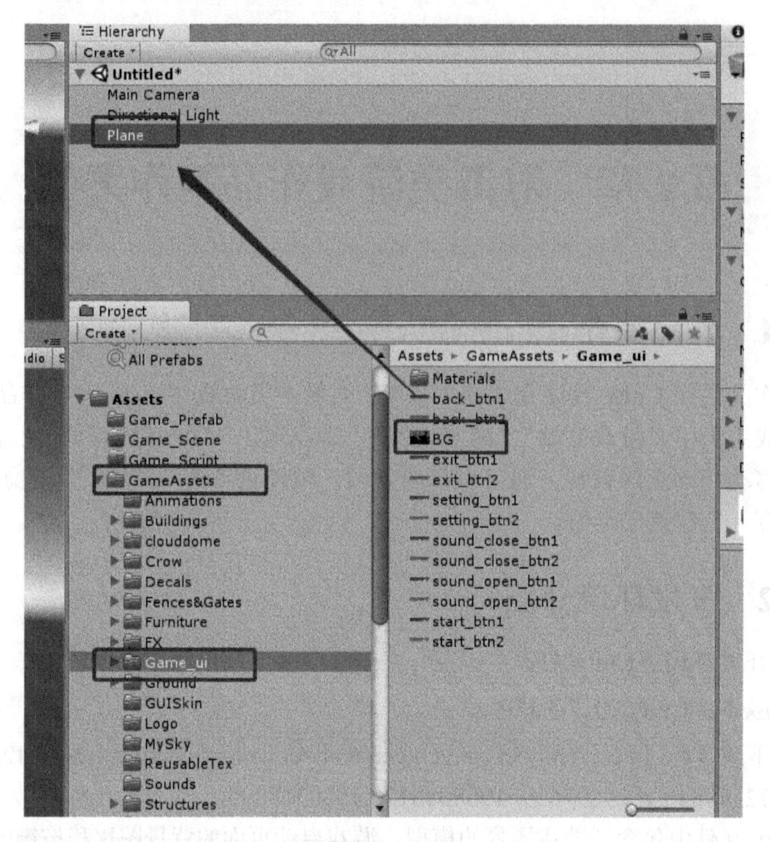

图 2-2　图片拖曳

（2）调整相机位置及旋转角度，并将相机属性从“Perspective”（透视方式）改为“Orthographic”（正交方式）（“Inspector”→“Camera”→“Projection”→“Orthographic”），修改相机属性如图 2-3 所示。

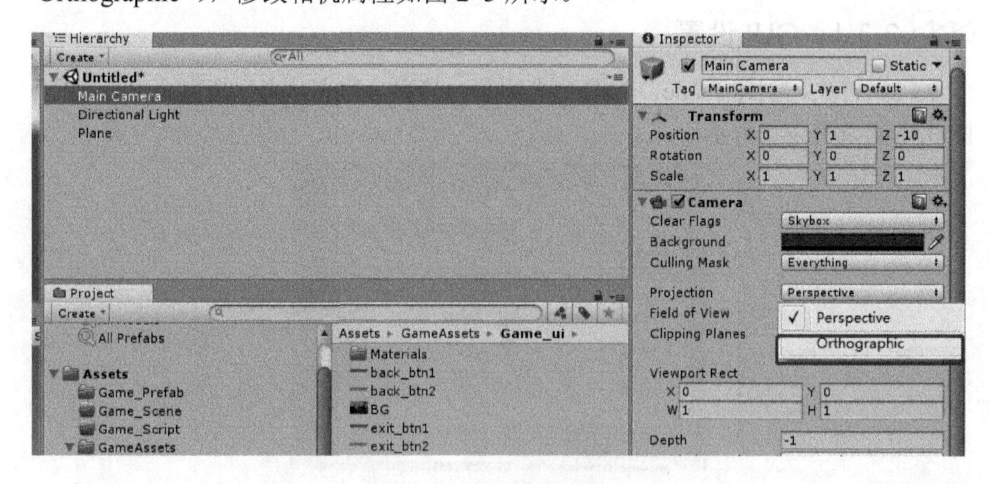

图 2-3　修改相机属性

（3）将 Plane 调整到全屏大小，如图 2-4 所示。

图 2-4　将 Plane 调整到全屏大小

（4）发现无法实现屏幕大小自适应，于是换另一种方法。首先，创建一个空物体："Create"→"Create Empty"，并命名为 BG，创建空物体如图 2-5 所示。

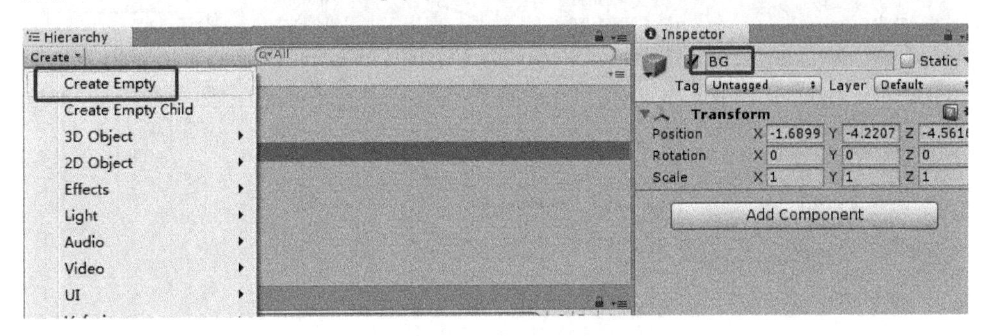

图 2-5　创建空物体

（5）选中 BG，在 Inspector 面板中单击"Add Component"，在搜索框输入"GUI"后，选择"GUI Texture"，如图 2-6 所示添加 GUI Texture 属性。

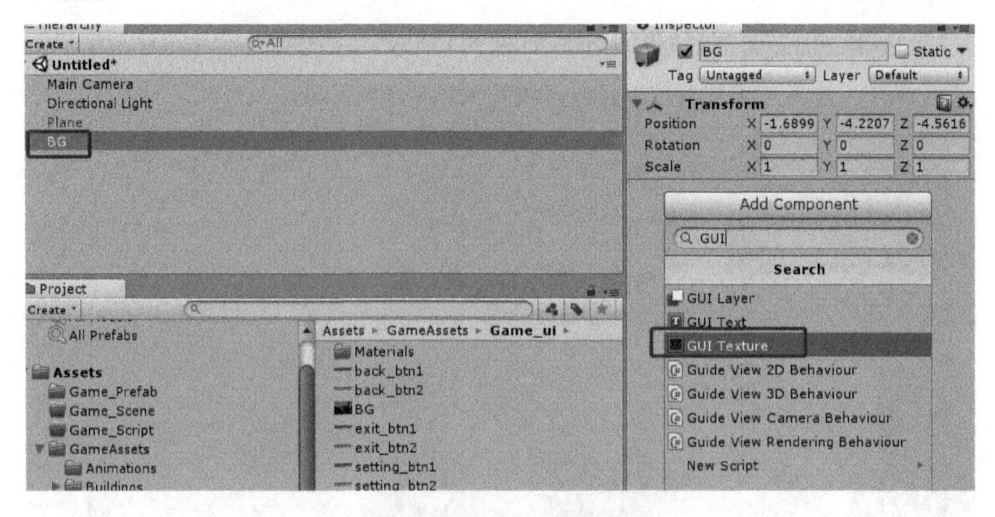

图2-6　添加GUI Texture属性

（6）将图片BG拖曳至Texture右侧参数框中，如图2-7所示。

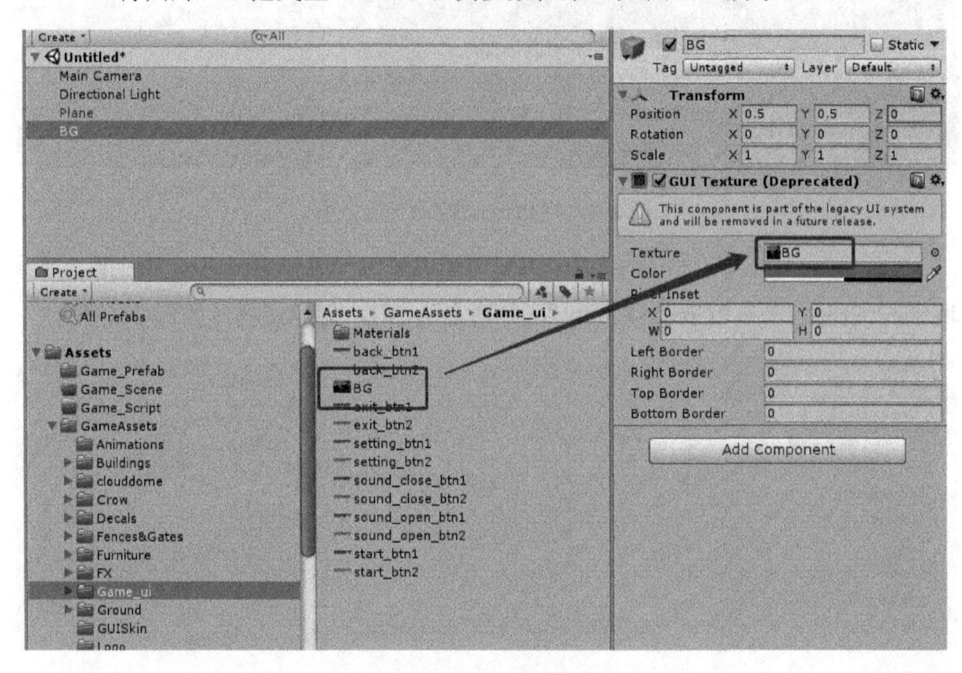

图2-7　图片拖曳

（7）若此时在Game窗口（游戏界面）中未显示出背景图片，则需修改BG对应的Inspector参数，如图2-8所示。

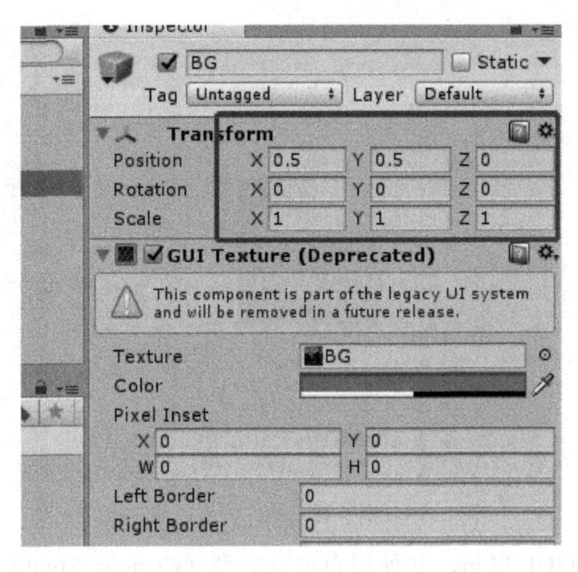

图 2-8　修改 BG 对应的 Inspector 参数

（8）设置完参数后，若 Game 窗口中仍未显示背景图片，则需在主相机（Main Camera）的 Inspector 面板下单击“Add Component”，在搜索框内搜索“GUI”并选择“GUI Layer”，如图 2-9 所示添加 GUI Layer。

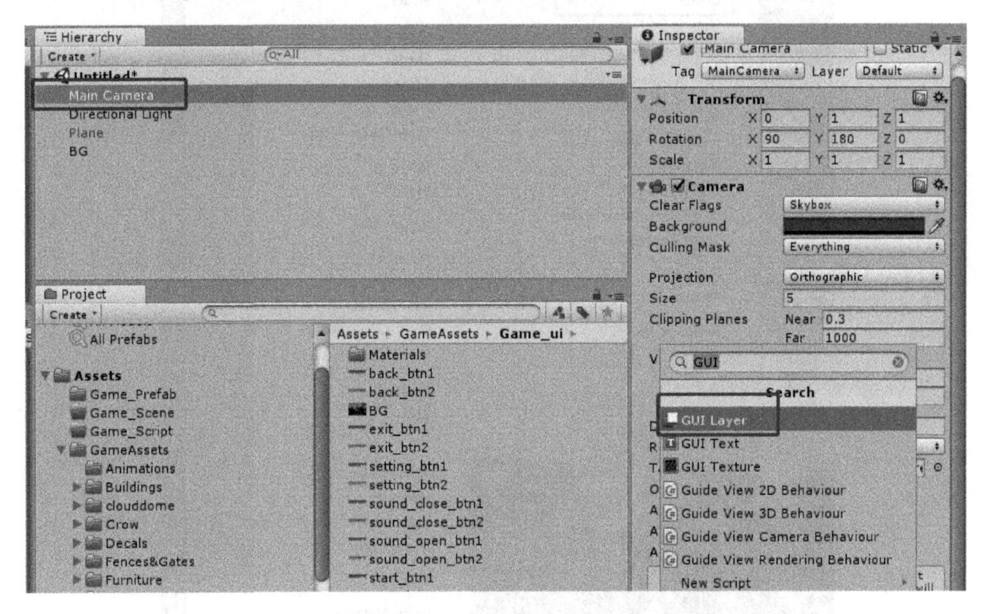

图 2-9　添加 GUI Layer

（9）调节背景图片的颜色和亮度，如图 2-10 所示。

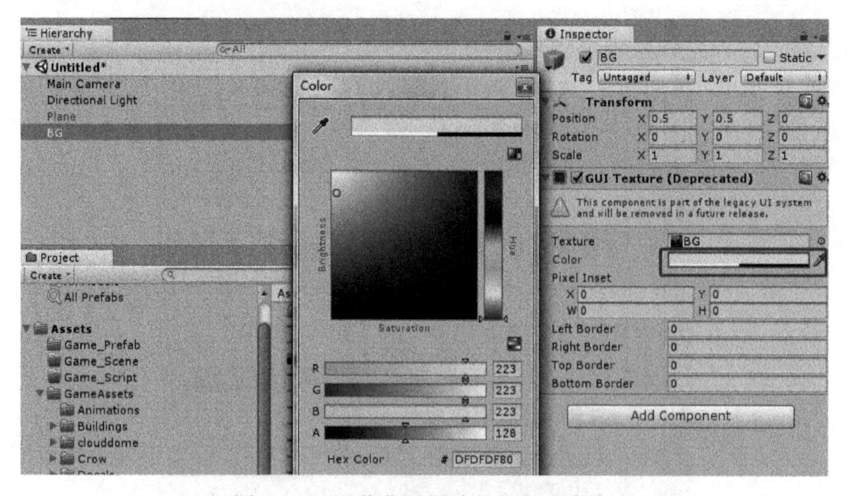

图 2-10　调节背景图片的颜色和亮度

（10）创建 GUI Skin，并使用自定义类型（Custom Style），将其重命名为 MyGUISkin，创建过程为依次单击“Assets”→“Create”→“GUI Skin”，添加按钮如图 2-11 所示。

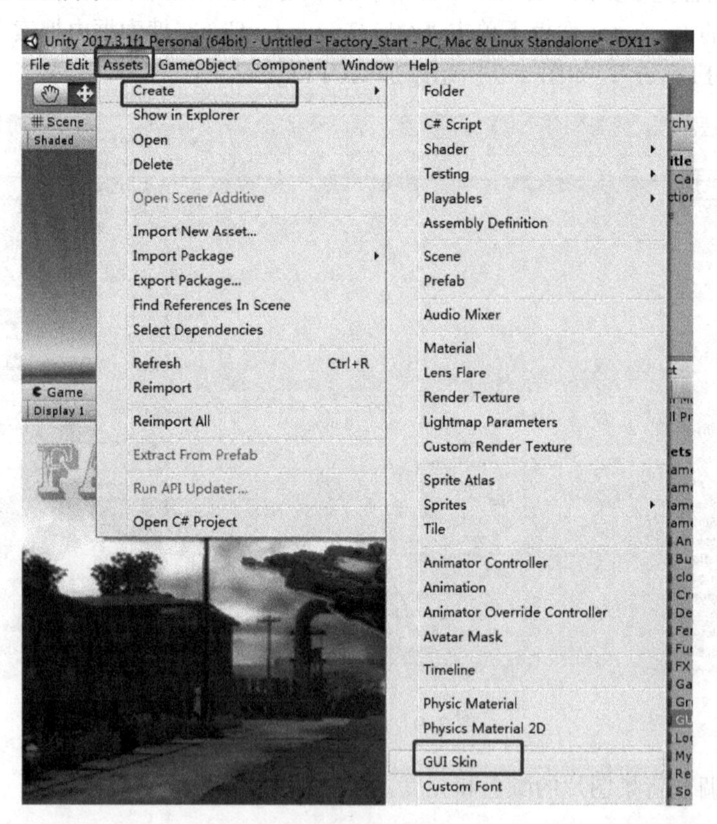

图 2-11　添加按钮

（11）在 Inspector 面板中将 Custom Styles 的按钮数目设置成 3 个，并设置 3 个按钮的背景。如图 2-12 所示设置“游戏开始”按钮 start_btn，如图 2-13 所示设置“游戏设置”按钮 setting_btn，如图 2-14 所示设置“游戏退出”按钮 exit_btn。

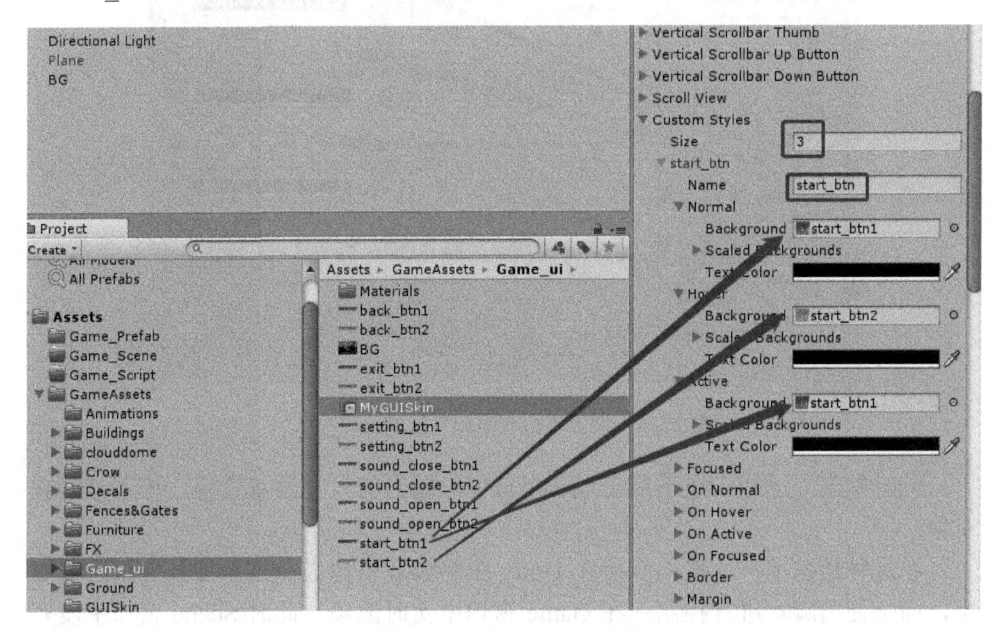

图 2-12　设置“游戏开始”按钮 start_btn

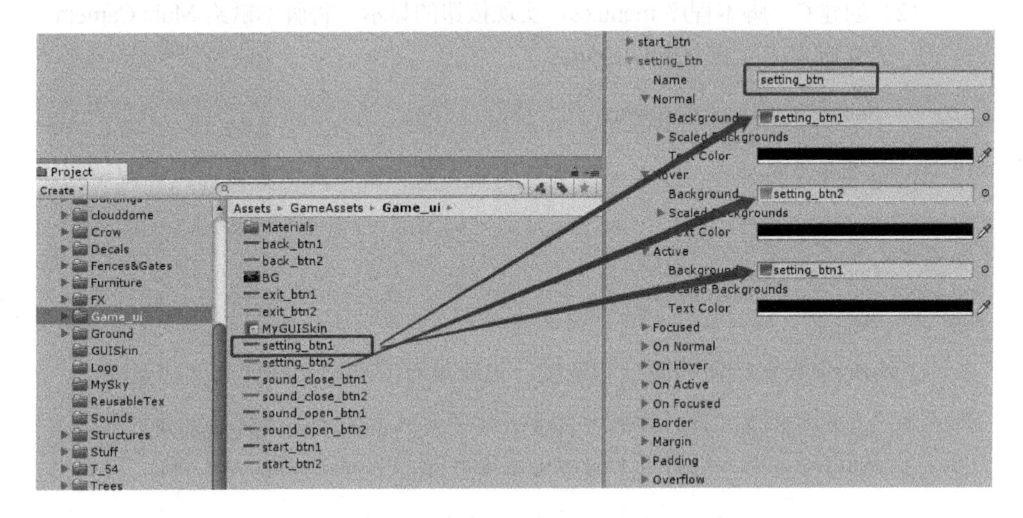

图 2-13　设置“游戏设置”按钮 setting_btn

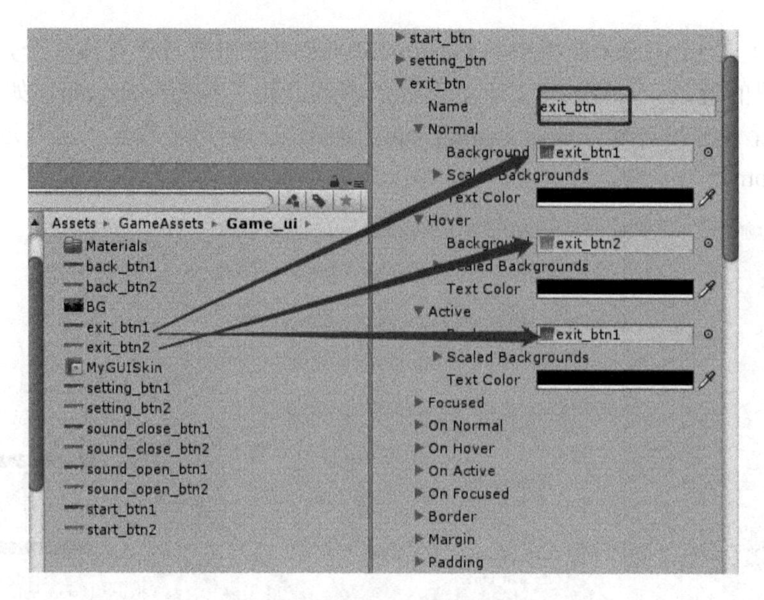

图 2-14　设置“游戏退出”按钮 exit_btn

此时单击“运行”还不能出现 3 个按钮，因它们只是游戏资源，还不是游戏对象。

在这种情况下，一般不直接在 Unity 中将游戏资源拖曳过去使其变成游戏对象，而是使用脚本进行控制，在 Game 窗口中实时渲染，此时 Scene 窗口中没有内容。

（12）创建 C＃脚本程序 menu.cs，实现按钮的显示，将脚本赋给 Main Camera。

① 先在脚本中实例化 GUISkin。

```
Public GUISkinMyGUISkin;
```

② 定义 3 个按钮。

```
RectstartRect;
RectsettingRect;
RectexitRect;
```

在 start()中设置按钮的高度和宽度，也就是对应贴图文件的高度和宽度。

```
startRect.height= MyGUISkin.GetStyle("start_btn").normal.background.heigh;
startRect.width = MyGUISkin.GetStyle("start_btn").normal.background.width;
```

③ 在 OnGUI()中生成按钮，并且设置其大小和位置。注意：OnGUI()函数前需要加一行“GUI.skin = MyGUISkin; ”，否则，if 语句会报错，找不到“start_btn”。

```
if(GUI.Button(newRect(0f,Screen.height*0.45f,startRect.width,startRect.height),"","start_btn"))
```

前面只是实现按钮的显示，接下来需要设置单击按钮后的触发效果。

```
if(GUI.Button(new Rect (new Rect (0f,Screen.height * 0.45f, startRect.width,
startRect.height), "", "start_btn"),"","start_btn"))
            {
                Debug.Log("start_btn 被按下");
            }
            if(GUI.Button(new Rect (0f,Screen.height*0.65f,
            settingRect.width ,settingRect.height),"","setting_btn"))
            {
                Debug.Log("setting_btn 被按下");
            }
            if(GUI.Button(new Rect (0f,Screen.height*0.85f,
    exitRect.width,exitRect.height),"","exit_btn"))
            {
                Debug.Log("exit_btn 被按下");
            }
```

▷▷▷ 2.3.2　设置第二组按钮

用同样方法设置第二组按钮（需要修改 Inspector 面板中的 GUISkin 设置），如图 2-15 所示。

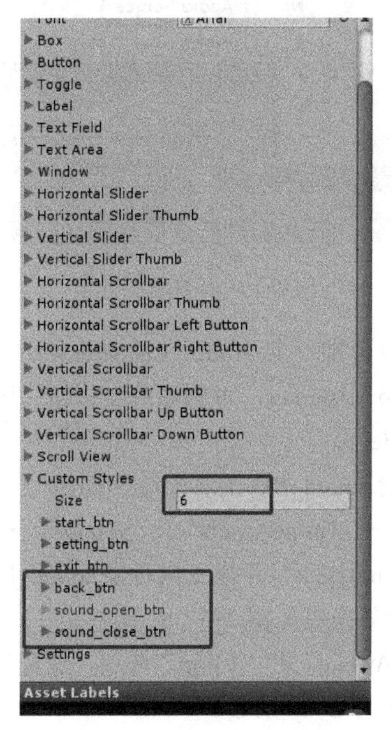

图 2-15　设置第二组按钮

设置后发现存在按钮重叠问题，这时就需要用布尔值来解决。设置布尔值 bUI，在 start()中给 bUI 赋 true 值，在 OnGUI()中，使用 if(bUI)来管理“游戏开始”“游戏设置”和“游戏退出”三个按钮，并且在单击“游戏设置”按钮后，给 bUI 赋 false 值。同时，使用 if(! bUI)语句来管理“音乐开启”“音乐关闭”和“游戏退出”三个按钮，并且在单击“游戏退出”按钮后，给 bUI 赋 true 值。按照上述方法赋值后，再次演示时，两组按钮均可正常显示。

2.3.3 添加背景音乐

（1）创建声音源（Audio Source），命名为 sound_BG，如图 2-16 所示添加背景音乐。

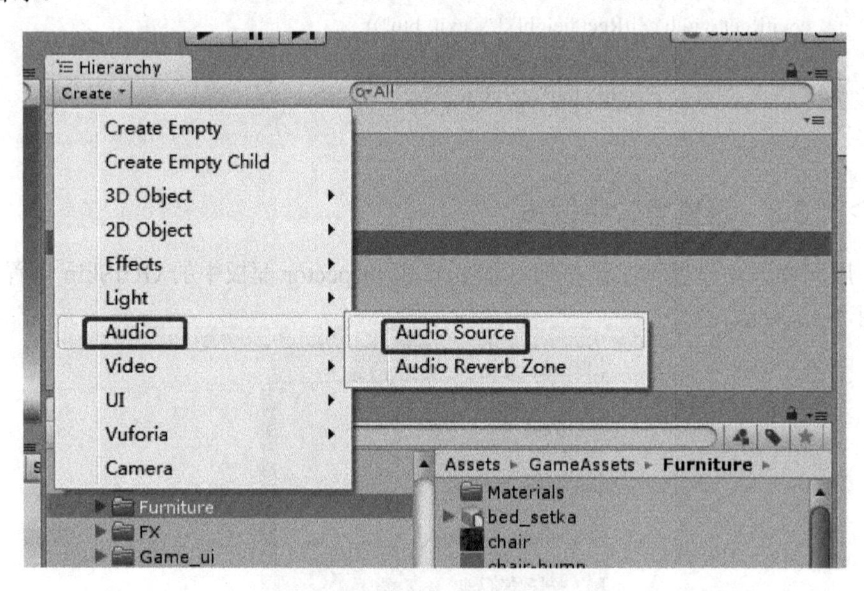

图 2-16　添加背景音乐

（2）对应地，主相机自带一个 Audio Listenter（声音监听器）。（注意：一个场景中只能有一个 Audio Listenter，否则系统会报错。所以当再次添加相机时，需取消勾选 Audio Listenter。）

（3）接下来需要赋给 sound_BG 的 Audio Source 一个背景声音文件，操作步骤是：依次选择“Assets”→“GameAssets”→“Sounds”→“strashnyi_les_muzyka”。选中文件“strashnyi_les_muzyka”并拖曳至对象 sound_BG 在 Inspector 面板中的 Audio Clip 参数框中。音效拖曳如图 2-17 所示。

（4）勾选“Play On Awake”和“Loop”选项，使背景音乐在启动时就开始循环播放，播放模式设置如图 2-18 所示。

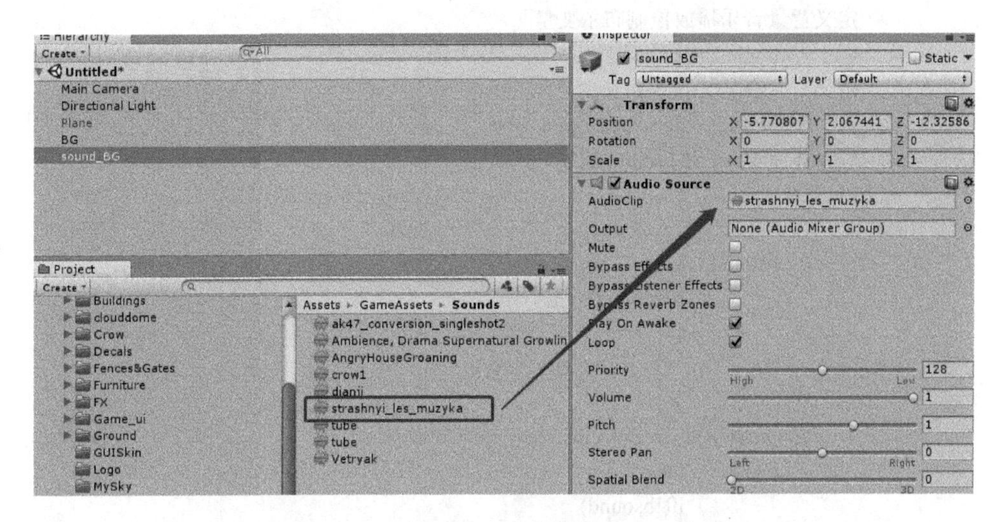

图 2-17　音效拖曳

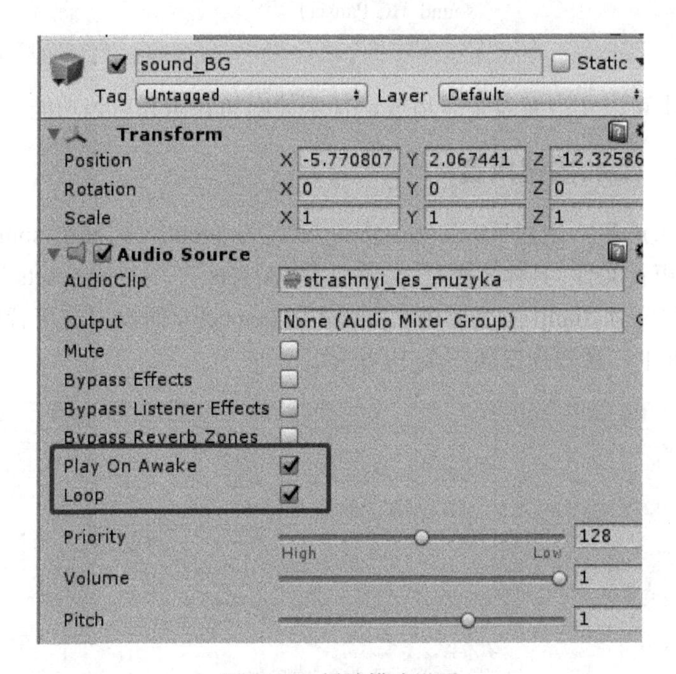

图 2-18　播放模式设置

（5）背景音乐什么时间开始？什么时间停止？具体的逻辑关系是：当程序启动时背景音乐开始，单击“游戏设置”按钮下的“音乐关闭”按钮后，停止播放。单击“音乐开启”按钮后，恢复背景音乐播放。

以上逻辑关系需通过编写脚本来实现。

```
        //定义背景音乐播放控制布尔变量
                boolbsound;
        //定义公共变量 AudioSource 背景音
                publicAudioSourcesound_BG;
            //在 start()中对 bsound 赋值
        bsound = true;
            //在 OnGUI()的 sound_open 按钮按下时设置
                bsound = true;
                        if(bsound)
                        {
                            sound_BG.Play();
                        }
            //在 OnGUI()的 sound_close 按钮按下时设置
                bsound = false;
                        if(!bsound)
                        {
                            sound_BG.Pause();
                        }
```

以上脚本可以实现背景音乐播放、音乐关闭和音乐开启等功能。

▷▷▷ 2.3.4　添加按钮声音

（1）添加声音，创建 Audio Source，命名为 sound。需赋给 sound 的 Audio Source 一个声音文件，具体步骤是：依次选择“Assets”→“GameAssets”→“Sounds”→“dianji”，将文件 dianji 拖曳至对象 sound 在 Inspector 面板中的声音剪辑（Audio Clip）参数框中，音效拖曳如图 2-19 所示。

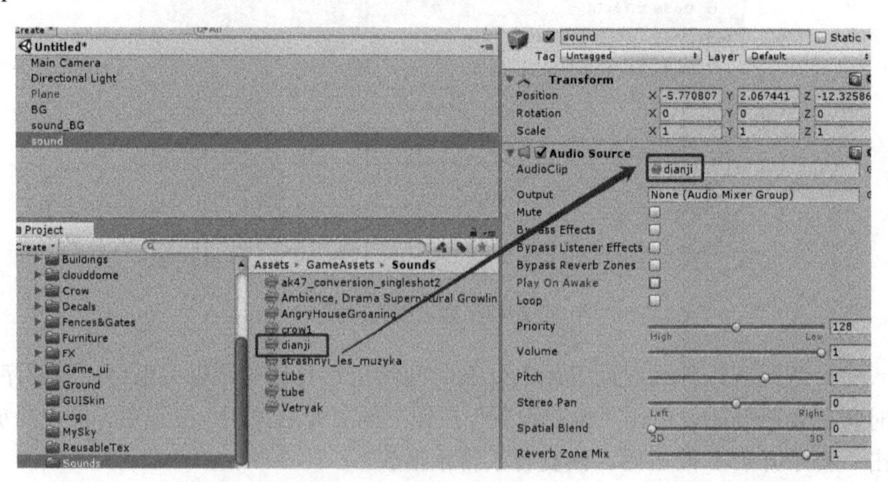

图 2-19　音效拖曳

（2）为了使按钮声音在启动时不播放，而是通过脚本来控制播放，需取消勾选“Play On Awake”。设置后可在 Assets 菜单下选中文件“dianji”，在 Inspector 面板中进行测试，如图 2-20 所示设置播放模式。

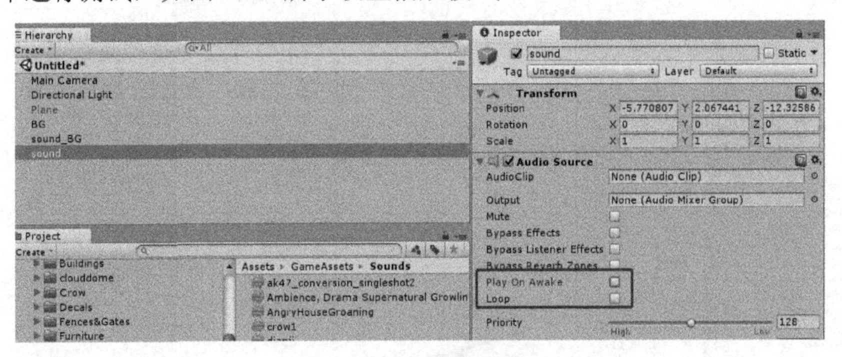

图 2-20　设置播放模式

（3）以下脚本代码可以控制按钮声音的播放：

```
//定义公共变量，按钮按下的声音
publicAudioSource sound;
```

在 OnGUI()函数中，编写实现单击“游戏开始”按钮后，播放音乐的代码，即在“Debug.Log("start_btn 被按下");”语句后，输入语句“sound.Play();”。

（4）在 Hierarchy 面板中选择 Main Camera 对象，将 sound 对象拖曳到 Inspector 面板中的 Sound 参数框中；将 sound_BG 对象拖曳到 Inspector 面板中的 Sound_BG 参数框中；将 MyGUISkin 脚本拖曳到 Inspector 面板中 My GUI Skin 参数框中。对象拖曳和脚本拖曳分别如图 2-21 和图 2-22 所示。

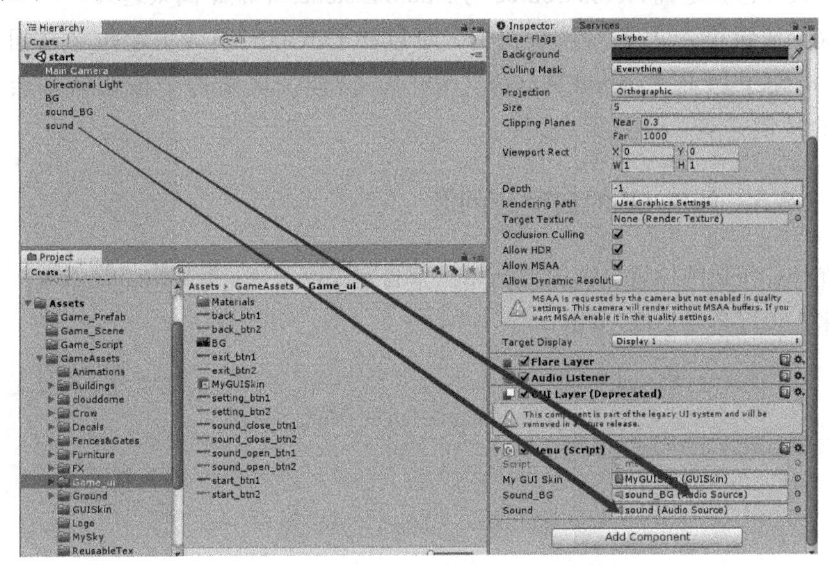

图 2-21　对象拖曳

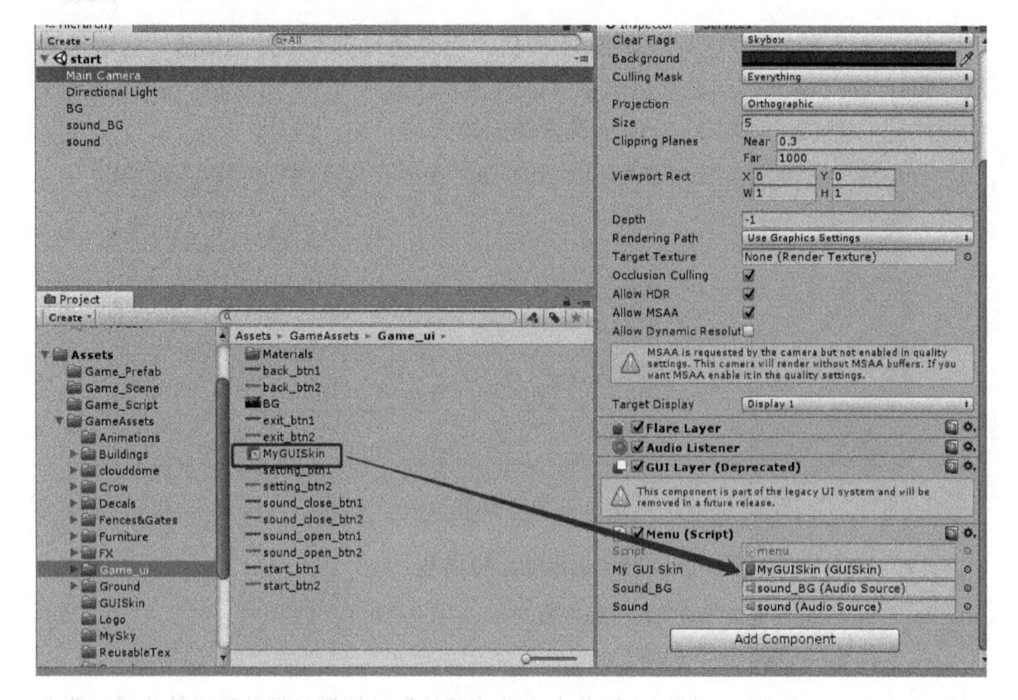

图2-22 脚本拖曳

（5）测试：单击“游戏开始”按钮后观察是否有音乐播放功能。若声音较小，则选中Hierarchy面板中的sound对象，在Inspector面板下调整3D Sound Settings中Min Distance的参数值，或查看sound对象的位置坐标和相机的位置坐标是否相差很大（也就是说Audio Source与Audio Listener不能距离太远）。

（6）按钮声音大小问题解决后，可以在OnGUI()函数中给每个按钮生成的if语句中加上“sound.Play();”语句。这样，单击每个按钮时都会产生相应的按键声音。

▷▷▷ 2.3.5 解决UI的自适应问题

在计算按钮的位置之前需要新增一个自定义函数ApplyVirtualScreen()，用该函数来实现屏幕自适应功能。

```
floatVirtualScreenWidth = 1024;
            floatVirtualScreenHeight = 768;
voidApplyVirtualScreen()
        {
            //屏幕自适应
```

```
            GUI.matrix = Matrix4x4.Scale( new Vector3( Screen.width / VirtualScreenWidth, Screen.height / VirtualScreenHeight, 1 ) );
        }
```

设置 ApplyVirtualScreen ()函数，通过缩放屏幕尺寸大小，解决屏幕自适应问题，并使第一组按钮显示出来。

创建好的界面效果图如图 2-23 所示。

图 2-23　界面效果图

▷▷▷ 2.3.6　连接第二个场景

Menu 界面做好后，创建第二个场景，命名为 Factory。修改脚本文件 menu.cs 中的代码，在 OnGUI()函数中“sound.Play();”语句后输入“Application.LoadLevel ("factory");”语句，进行场景跳转测试。

▷▷▷ 2.3.7　解决转场问题

单击“游戏开始”按钮后，发现在按钮声音还未结束时就直接加载第二个场景；单击“游戏退出”按钮后，按钮声音还未播放完毕，就已经退出场景。出现这样的情况是由于同步加载问题，为解决此问题，应在 menu.cs 脚本中进行如下修改：

```
        //定义两个布尔变量
```

```
//监听声音是否播放完
boolbPlay;
boolbexit;
```

在 Update()函数中增加下列代码：

```
        if (!bPlay)
        {
            if(!sound.isPlaying)
            {
                Application.LoadLevel("factory");
                bPlay = true;
            }
        }

        if (!bexit)
        {
            if(!sound.isPlaying)
            {
                Application.Quit();
                bexit = true;
            }
        }
```

在 OnGUI()函数的“游戏开始”“游戏退出”按钮单击语句中，增加下列代码：

```
        if(bPlay)
                {
                    sound.Play();
                    bPlay = false;
                }
if(bexit)
                {
                    sound.Play();
                    bexit = false;
                }
```

经测试，发现问题得到解决。

▷▷▷ 2.3.8 搭建第二个场景

（1）进入新创建的 Factory 场景，并在 Assets 菜单中 Game_Prefab 目录下先将做好的地形 MainGround 拖曳至 Hierarchy 面板中（注意：预制体本身就具有位置坐标信息，若拖曳至 Scence 视图中，则会改变预制体原有的坐标信息。故应直接拖曳至 Hierarchy 面板中，这样，坐标信息就可以保持不变。必须先拖曳 MainGround 后，才能拖曳其他物体），场景搭建如图 2-24 所示。

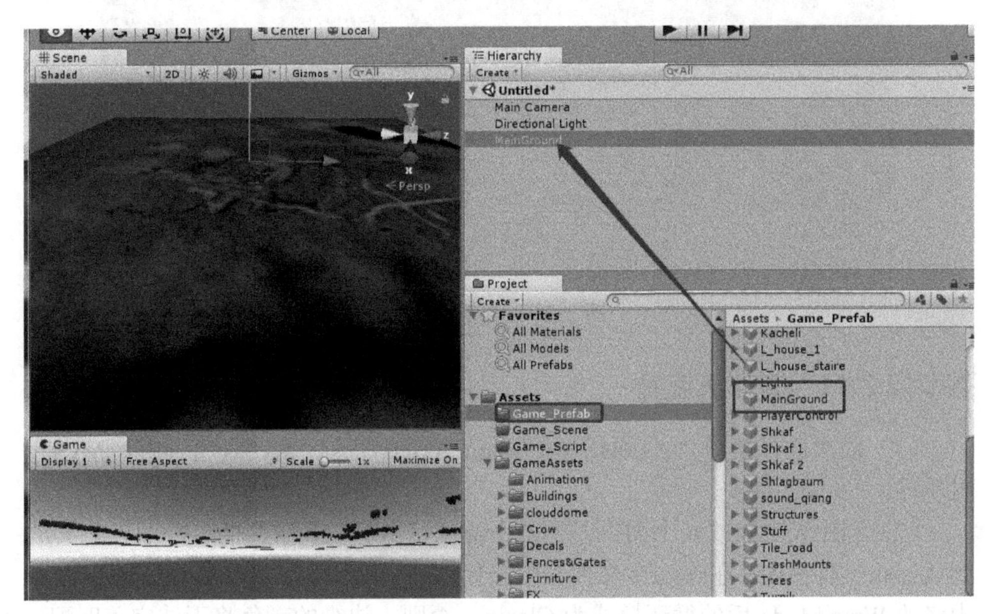

图 2-24　场景搭建

（2）在场景中添加一束平行光，使场景变亮。

⊳⊳⊳ 2.3.9　拖曳地形

从 Assets 菜单中 Game_Prefab 目录下将其他模型拖曳至 Hierarchy 面板中，需将地形上移一点，使其与模型更加贴近。（其中 MainGround 已拖曳，FireHeavy_01、FireHeavy_01 1、FireHeavy_01 2 这 3 个粒子系统，Lights（灯光），sound_qiang，PlayerControl 和 clouddome（动态云）先不拖曳。注意：所有预制体的位置都不能修改。）

⊳⊳⊳ 2.3.10　设置动态云

选中动态云（clouddome）对象，在 Inspector 面板中单击“Remove Component”取消其脚本属性，动态云设置如图 2-25 所示。Inspector 面板中 whisps01 下的 Shader 属性不变，为 Particles/Additive，即粒子透明。

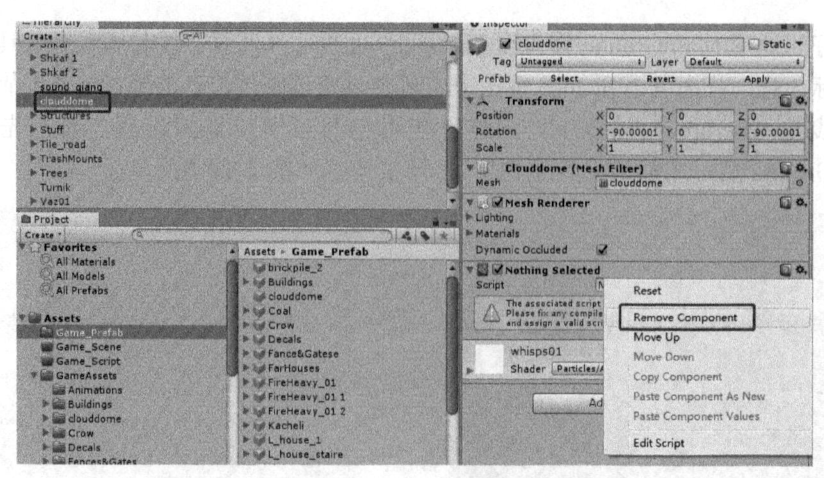

图 2-25　动态云设置

▷▷▷ 2.3.11　制作天空盒

（1）依次选择菜单“Assets”→“GameAssets”→“MySky”，删除 MySky 材质球。

（2）制作天空盒的 6 个面：制作 6 个纹理贴图对应天空盒的 6 个面，将其放到 Assets 文件夹中。在 Assets 文件夹中选择每一个贴图后，都需在 Inspector 面板中修改 Wrap Mode 后的循环模式为 Clamp。否则，边缘的颜色将无法完美匹配。图片属性修改如图 2-26 所示。

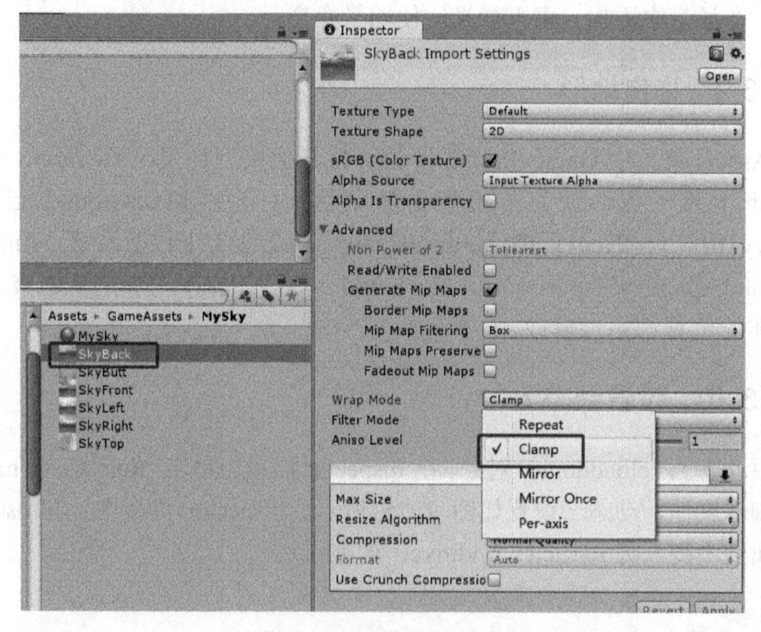

图 2-26　图片属性修改

（3）依次选择“Assets”→“Create”→“Material”选项创建一个新的材质，选中该材质资源，在 Inspector 面板中 Shader 属性后单击下拉菜单，选择“Skybox”→“6 Sided”，即将此材质设置成天空盒材质。创建材质如图 2-27 所示，修改材质属性如图 2-28 所示。

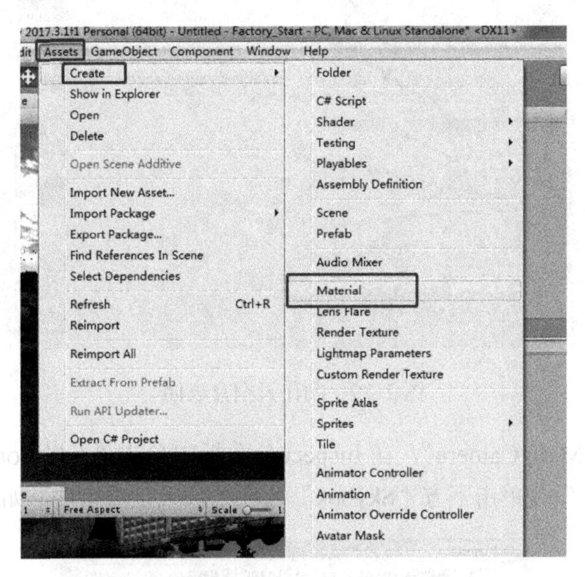

图 2-27　创建材质

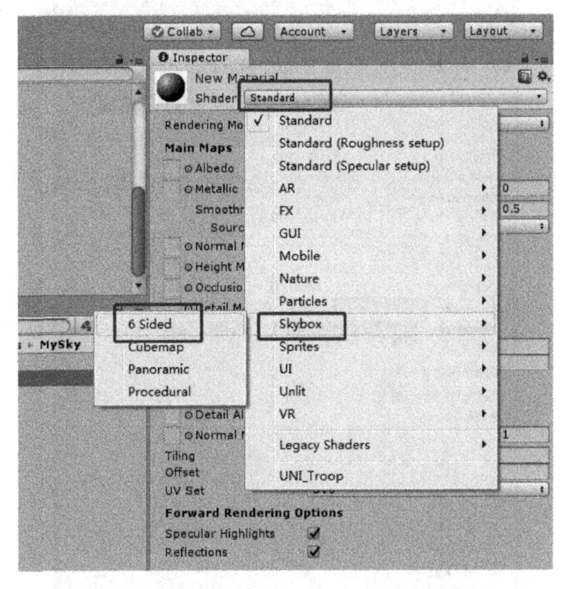

图 2-28　修改材质属性

（4）天空盒贴图：只需分别将纹理贴图文件拖曳至天空盒的 6 个面即可，如图 2-29 所示制作天空盒表面。

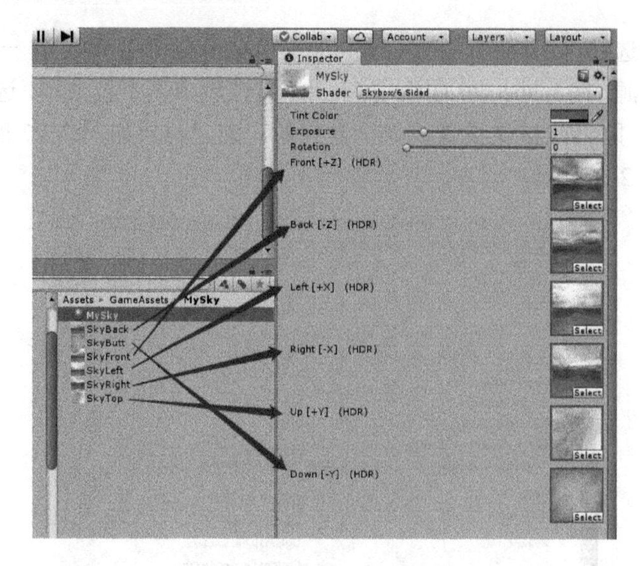

图 2-29　制作天空盒表面

（5）选中“Main Camera”，在 Inspector 面板中单击“Add Component”，在搜索框中输入“sky”并单击下方“Skybox”选项添加天空盒组件，如图 2-30 所示。

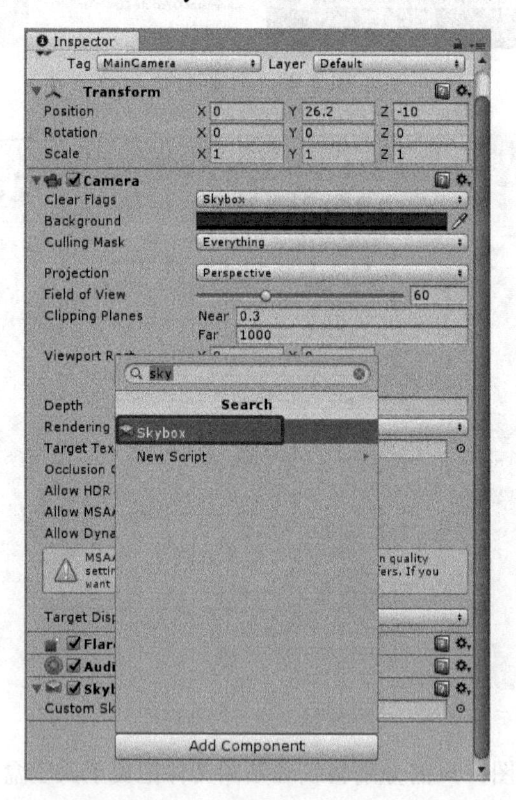

图 2-30　添加天空盒组件

（6）将创建好的天空盒“MySky”拖曳至 Custom Skybox 参数框中，如图 2-31 所示。

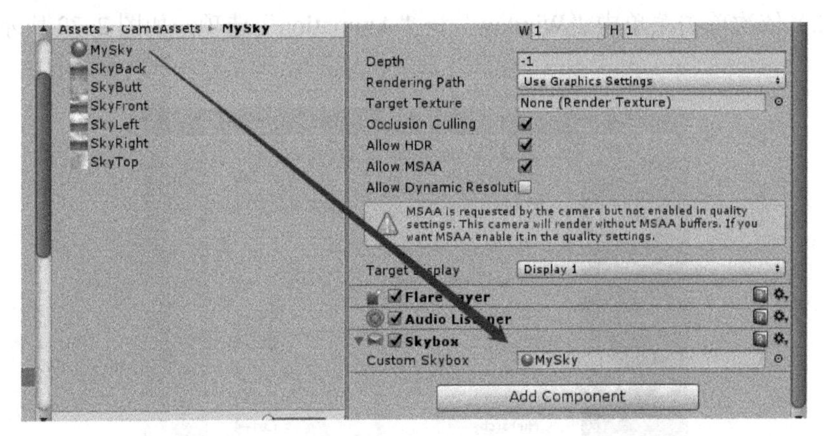

图 2-31　天空盒拖曳

▷▷▷ 2.3.12　动态云脚本控制

为了使动态云真正运动起来，需添加脚本文件 CloudDomeScript.cs，并将其绑定到 clouddome 上，调节 scrollSpeed 的值，将 clouddome 的 Y 轴坐标值调整到 -700 左右。相应的代码如下所示：

```
usingUnityEngine;
using System.Collections;
public class CloudDomeScript : MonoBehaviour {
    public float scrollSpeed = 0.0015f;
    // Use this for initialization
    void Start () {

    }

    // Update is called once per frame
    void Update () {
        float offset = Time.time * scrollSpeed;
        renderer.material.SetTextureOffset("_MainTex", new Vector2(offset, 0));
    }
}
```

▷▷▷ 2.3.13　风车动画制作

风车旋转效果可通过动画控制或脚本控制方式实现。下面介绍风车动画的制作方式。

（1）依次单击 Hierarchy 面板中的“Structures”→“Vetryak”→“Vint”（风车风叶模型）选项。

（2）依次单击菜单中“Window”→“Animation”选项，如图 2-32 所示创建动画。

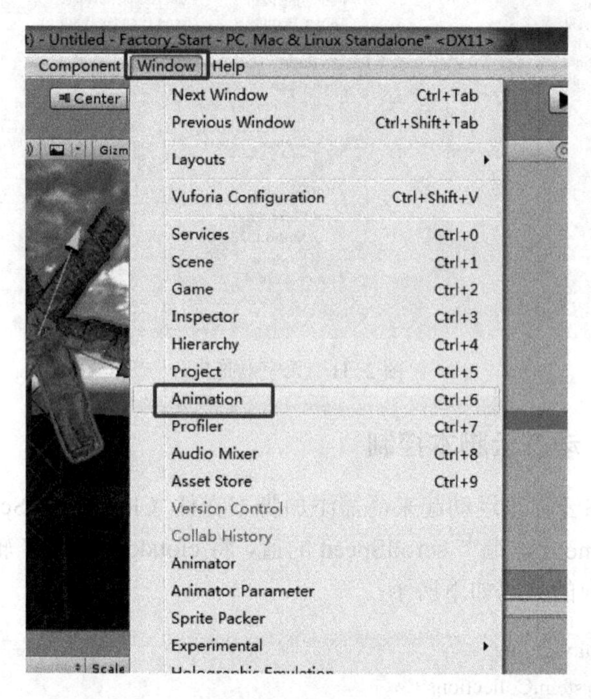

图 2-32　创建动画

（3）在 Animation 面板中依次单击“Vint_Vetryak”→“Create New Clip...”选项建立动画文件，并命名为 myAniForFengche，如图 2-33 所示新建动画并命名。

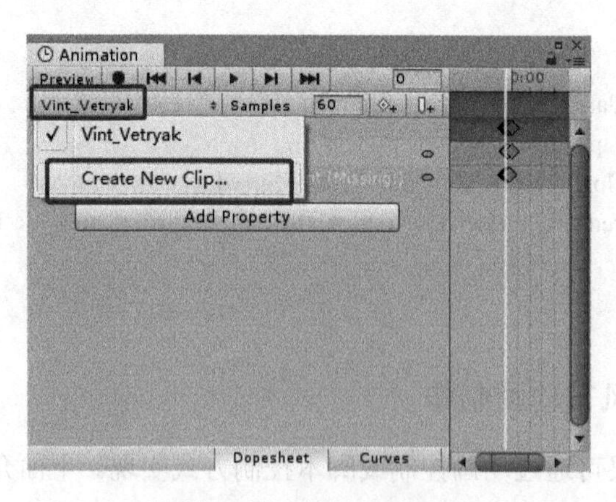

图 2-33　新建动画并命名

（4）单击“Add Property”按钮，选择“Transform”→“Rotation”选项（因为风车动画的实质就是风叶沿着 Z 轴旋转，故选择“Rotation”选项），如图 2-34 所示选择动画参数。

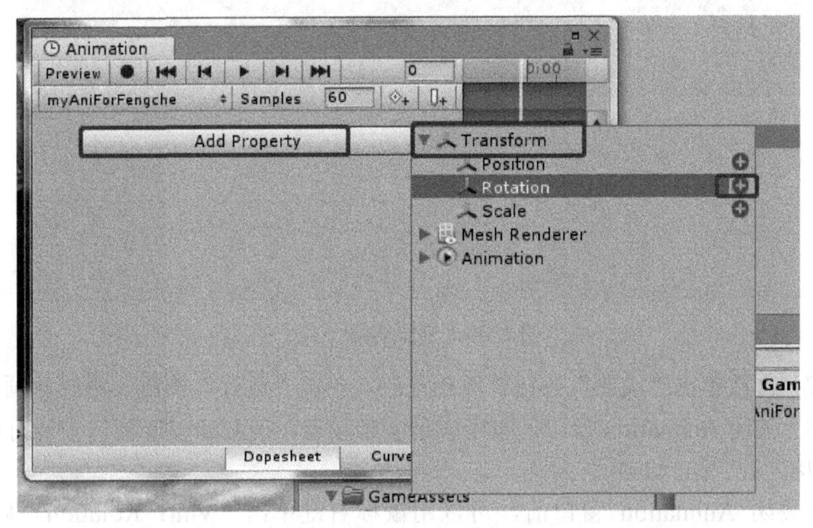

图 2-34　选择动画参数

（5）单击“录制”按钮，设置初始帧，将风车风叶模型参数 Rotation.x、Rotation.y、Rotation.z 的值均设置为 0，如图 2-35 所示制作动画（一）。

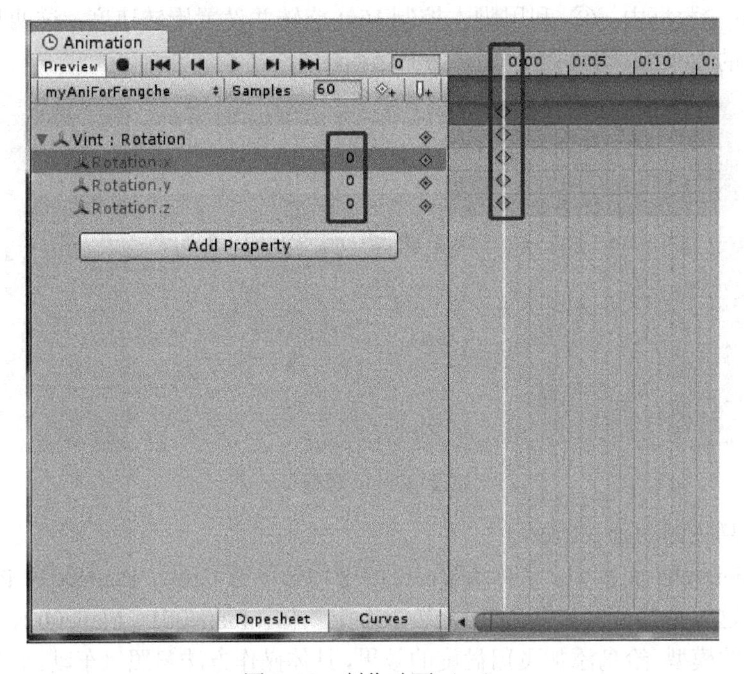

图 2-35　制作动画（一）

（6）移动白色线条到 1：00 或 2：00 位置，将该帧风车风叶模型参数 Rotation.x、Rotation.y、Rotation.z 的值分别设置为 0、0、-360，如图 2-36 所示制作动画（二）。

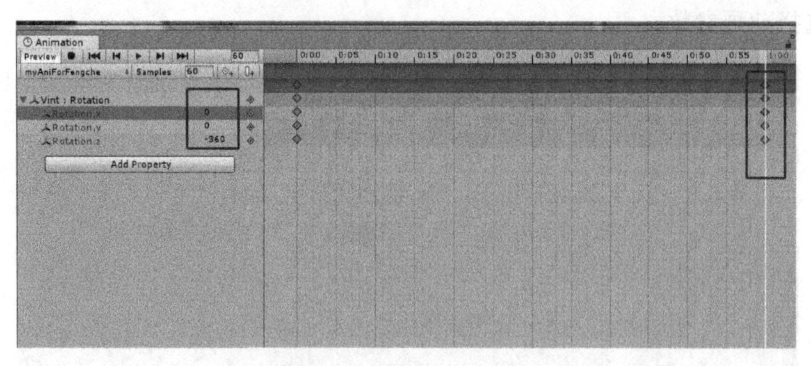

图 2-36　制作动画（二）

（7）再次单击“录制”按钮，停止录制。单击“运行”按钮，测试动画效果。

（8）关闭 Animation 窗口，即完成了动画设置。在 Unity3D 窗口中运行游戏，该模型将按设置的动画运行。

在关闭 Animation 窗口前，可以用鼠标右键单击“Vint：Rotation”后选择“Romove Properties”取消在模型上绑定的动画（另外两种方法是：① 选中该模型，在 Unity3D 菜单中依次选择“Component”→“Miscellmoues”→“Animation”后，将 Assets 下刚建立好的动画文件 myAniForFengche 拖曳至 Inspector 面板下的 Animation 参数框中；② 利用脚本控制 Vint 旋转并设置旋转速度。这两种方法能达到同样的效果），动画拖曳如图 2-37 所示。

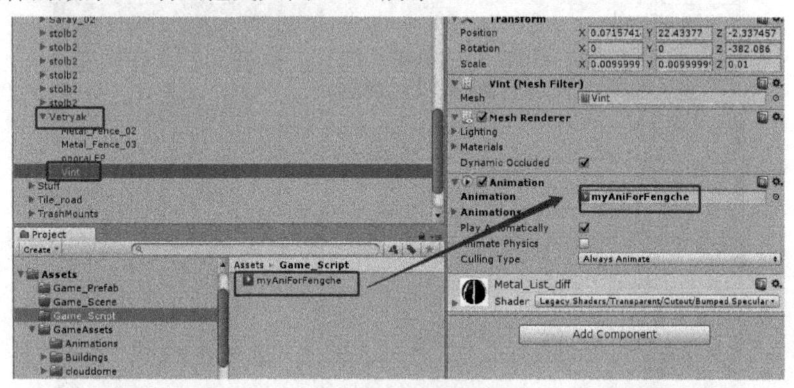

图 2-37　动画拖曳

（9）鸟飞的动画（Crow）

在 Hierarchy 面板中，名称为 Crow 的空物体下有 Crow、Plane001、Plane002、Plane003 这 4 个部分。其中，Crow 是一个空物体，Plane001、Plane002、Plane003 是 3 只鸟的模型。给鸟添加飞翔盘旋的效果，具体操作方法参照风车动画制作步骤。

▷▷▷ 2.3.14　加入灯光

从 Assets 菜单中将灯光“Lights”预制体拖曳到 Hierarchy 面板中，其中只有一束平行光，其他都是点光源，点光源用于实现不同地方的光线强弱不同的效果。

▷▷▷ 2.3.15　加入第三人称

加入 PlayerControl 模型（第三人称）步骤如下。

（1）该模型由 CameraControl 和 UniversalTrooperHD_Ruby 组成。其中，CameraControl 中自带相机，UniversalTrooperHD_Ruby 是实际人物模型。

（2）设置人物碰撞属性：选择 Hierarchy 面板中的 UniversalTrooperHD_Ruby 模型（依次选择菜单中“Component”→“Physics”→“Character Control”选项），给对象设置人物碰撞属性，调节半径（Radius）、高度、位置等属性。

（3）加入第三人称控制脚本：选择 Hierarchy 面板中的 UniversalTrooperHD_Ruby 模型（依次选择菜单中“Component”→“Scripts”→“Third Person Controller”选项），将已经导入的动画文件分别填充到 Inspector 面板中的 Idle Animation、Walk Animation、Run Animation、Jump Pose Animation 的动画填充栏，完成对该人物的动画设置。

（4）添加相机控制脚本：选择 Hierarchy 面板中的 UniversalTrooperHD_Ruby 模型，（依次选择菜单中“Component”→“Scripts”→“Third Person Camera”选项），此步骤完成后相机和人物就实现了绑定。

（5）为实现用鼠标控制人物移动的功能（键盘的“A”“S”“D”“W”键也可实现控制移动的功能），可将 playercamer.js 文件绑定到空物体“CameraControl”上，并通过如图 2-38 所示的对象拖曳将 Inspector 面板中的 Cam 参数赋值为 UniversalTrooperHD_Ruby，将 Target 参数赋值为 Main Camera。

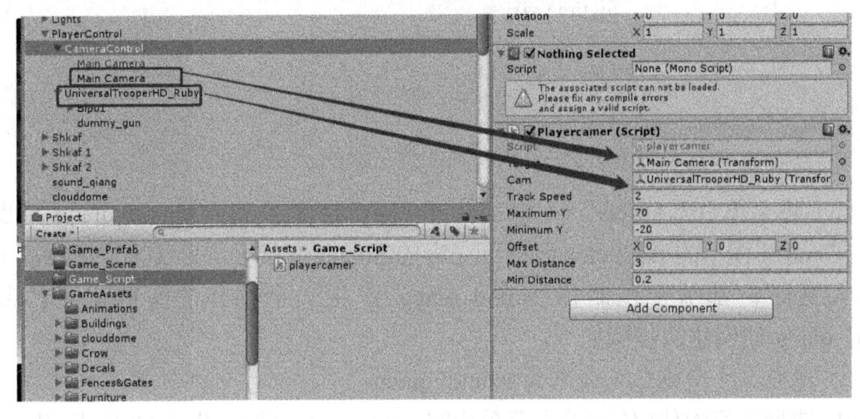

图 2-38　对象拖曳

测试运行时发现相机位置太低，为解决这一问题可单击空物体“CameraControl”，在 Inspector 面板中，将 Offset 参数的 Y 值修改为 3～4。Max Distance 和 Min Distance 分别表示相机与人物之间的最大距离和最小距离，可以按需调节。由于游戏中使用的是人物自带的相机，故需关闭原有的相机，且在人物自带的相机上添加天空盒。

至此，第三人称制作完成。

▷▷▷ 2.3.16 添加单击鼠标左键时的游戏音效

（1）创建脚本文件 player_sound.cs，并将其拖曳至 PlayerControl 模型上，Sound 变量的名称可以与 menu.cs 中的公共变量名称一致。

```
usingUnityEngine;
using System.Collections;
public class player_sound : MonoBehaviour {
    publicGameObjectqiangsheng;
    intmytime;
    // Use this for initialization
    void Start () {
        mytime = 0;
    }

    // Update is called once per frame
    void Update () {
        mytime ++;
        if (Input .GetMouseButtonDown(0)){
            if (mytime>30){
                Instantiate (qiangsheng );
                mytime =0;
            }
        }
    }
}
```

（2）将菜单中“Assets”→“Game Prefab”下的预制体 sound_qiang 拖曳至 PlayerControl 模型的 Inspector 面板下对应的 Sound 变量上，其目的是在每次单击鼠标左键时，都基于预制体 sound_qiang 产生一个物体的实例化。预制体 sound_qiang 的创建的步骤如下。

① 建立一个空物体，命名为 sound_qiang。

② 选择该空物体（依次单击菜单中“Component”→“Audio”→“Audio Source”选项），并将菜单“Assets”→“GameAsset”→“Sounds”下的音频文件

“ak47_conversion_singleshot2”拖曳至 Inspector 面板中的 AudioClip 参数框中。将制作好的预制体 sound_qiang 拖曳至 Game_Prefab 文件夹中，这样预制体就设置好了，设置预制体如图 2-39 所示。

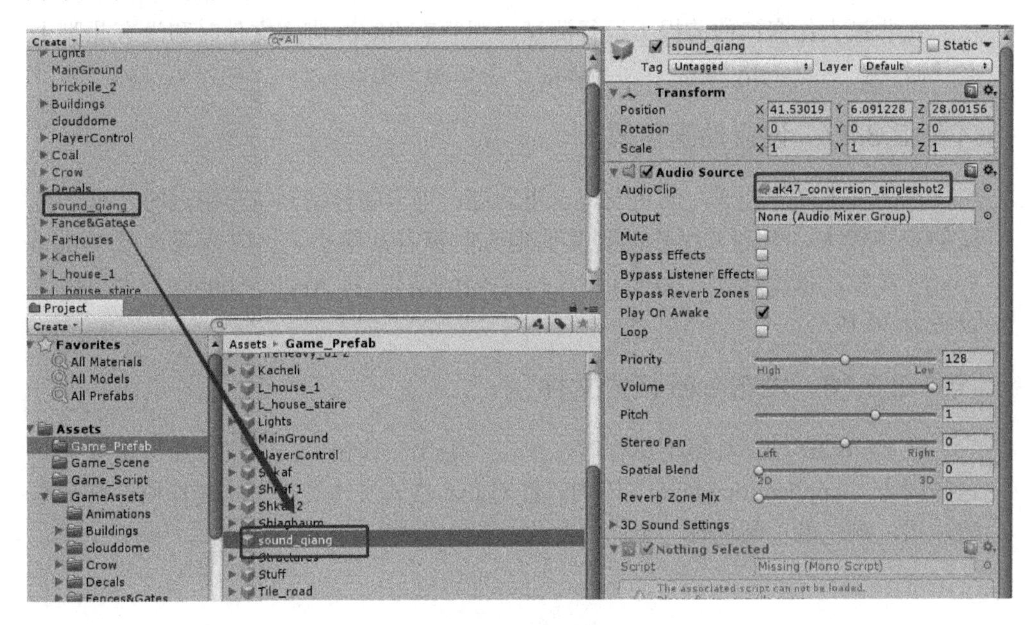

图 2-39　设置预制体

脚本文件中 Input.GetMouseButton(0)对应的是单击鼠标左键，在 Unity3D 中，依次选择菜单中“Edit”→“Project Setting”→“Input”→“Axis”选项可以查看到。

这时实现的效果是每单击一次鼠标左键，发出一声 AK47 的枪声音效，通常设置参数为 time>3。若感觉枪声音效播放速度太快，则增大 time 参数。

由于预制体 sound_qiang 一直增加，需要再增加一个脚本文件 life.cs 来控制预制体 sound_qiang 实例化所产生对象的生命周期。单击预制体 sound_qiang，可以看到其对应的 Inspector 面板，再从“Assets”菜单的“Game Script”目录中将 life.cs 拖曳至预制体 sound_qiang 的 Inspector 面板中，设置时间值。

```
public class life : MonoBehaviour {
    public float lifezhouqi=0.1f;
    // Use this for initialization
    void Start () {
        Destroy (gameObject, lifezhouqi);
    }
    // Update is called once per frame
    void Update () {
```

```
        }
    }
```

在非最大化窗口的前提下运行测试，观察有 life.cs 脚本文件时和没有此脚本文件时，在 Hierarchy 面板中预制体的产生与消失情况。

▷▷▷ 2.3.17　设置动画声源

作品基本制作完成，演示发现以下问题：当人物移动到风车附近时，风车转动的声音较大，但当人物移动到其他地方时声音却很小。这时需要调节 Audio Source 参数，依次选择“Structures”→“Vetryak”，将 Audio Source 最大距离值设置为 30.193。

▷▷▷ 2.3.18　发布.exe 格式文件

在 Unity3D 编译环境下运行时，单击“退出”按钮后，发现此操作无应答，这是因为“Application.Quit()”语句只针对.exe 格式文件运行时才起作用。发布本游戏后，测试能正常运行。至此，此作品制作完毕。

第 3 章　关卡类游戏作品制作案例

3.1　作品简介

本章设计一款关卡类小游戏——过五关斩六将。游戏中设计了过关机制，如游戏人物碰到怪物会死亡，成功过关会进入下一关卡。同时还设计了游戏人物的移动及打怪物动作等功能。本游戏整个环节设计较为全面，对于开发初学者来说是一个比较完善的案例。

3.2　开发环境介绍

- 开发环境：Unity3D。
- 版本：Unity 2017.3.1f1。
- 下载地址：https://unity3d.com/cn/get-unity/download/archive?_ga=2.128253066.72398840.1529897639-1968088170.1520318895。

Start 文件中包含了游戏中需要的 NPC 模型、怪物模型及游戏界面 UI。

3.3　实现过程

3.3.1　准备工作

在计算机上安装好 Unity 开发引擎，打开工程文件 guowuguanzhanliujiang_start，新建场景，命名为 menu。

3.3.2　创建游戏主界面

（1）在场景中创建模型 Plane，命名为 BG。一般来说，刚创建的模型不是正常的直立状态，需沿 X 轴旋转 90°（在 Inspector 面板中设置参数），如图 3-1 所示修改角度参数（一）。

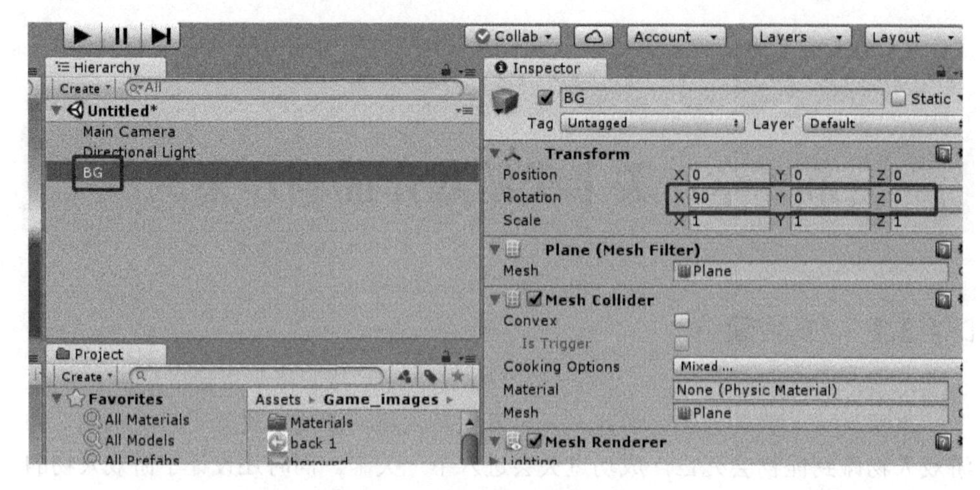

图 3-1　修改角度参数（一）

因 Game 窗口中显示的 BG 为非正面，故设置相机沿 Y 轴旋转 180°，使相机正对 BG 正面（Plane 是单面材质）。选中相机，在 Inspector 面板中选择 Projection 后的选项为“Orthographic”，将相机聚焦方式改为正交方式，如图 3-2 所示修改角度参数（二）。

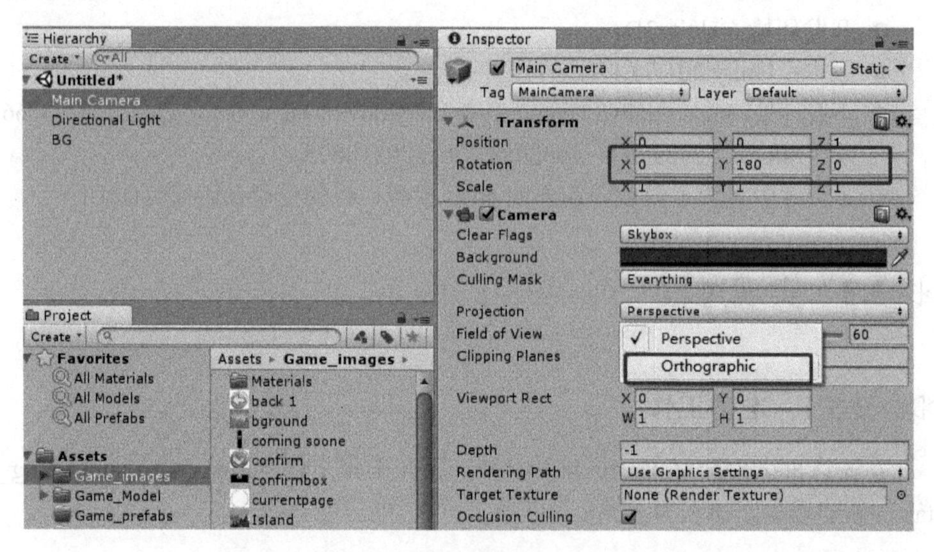

图 3-2　修改角度参数（二）

将 Game_UI 目录下的图片文件 mountain 拖曳至 Hierarchy 面板中 BG 对象上，选中 BG 进行图像大小的缩放，使其在 Game 窗口中能够布满整个屏幕。因图片文件 mountain 的分辨率为 1024*512（可在 Inspector 面板的 Preview 窗口中查看图片的分辨率信息），故设置 Game 窗口的大小为 1024*512，如图 3-3 所示完成图片拖曳及窗口大小设置。

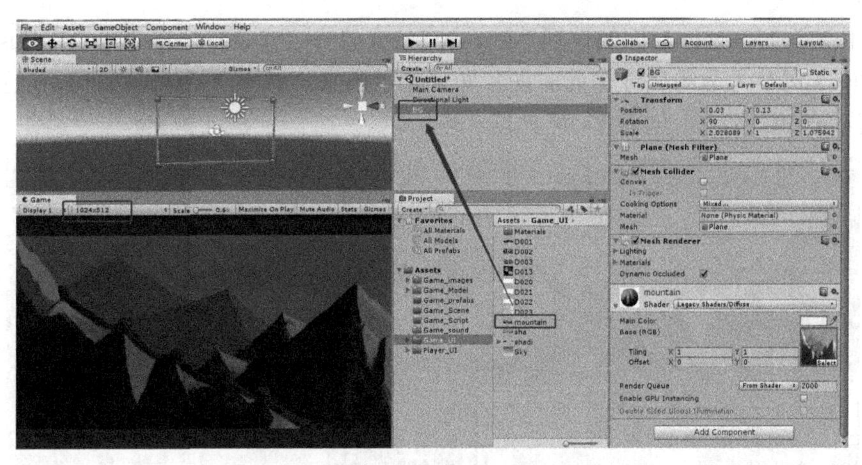

图 3-3　图片拖曳及窗口大小设置

（2）在 Hierarchy 面板中创建一个对象 GameObject，命名为 BIAOTI，选中 BIAOTI，在 Inspector 面板中单击“Add Component”按钮，在搜索框中输入“GUI”后，选择“GUI Texture”添加 GUI Texture 属性，将 Game_UI 目录下的图片文件 D001 拖曳至 BIAOTI 对象的 Inspector 面板下 Texture 参数框中。因图片文件 D001 的分辨率为 1024*332，故可在此范围内无损地缩放 BIAOTI 对象，直至满足界面需求。但因为 BIAOTI 是 GUITexture 对象，不能在 Scene 窗口对其进行缩放拉伸（不显示），所以需要在该对象的 Inspector 面板中，将 Pixel Inset 参数的值修改为 W=600、H=140，图片拖曳与参数修改如图 3-4 所示。（若在 Game 窗口中看不到 BIAOTI，则需给 Camera 添加 GUIlayer）

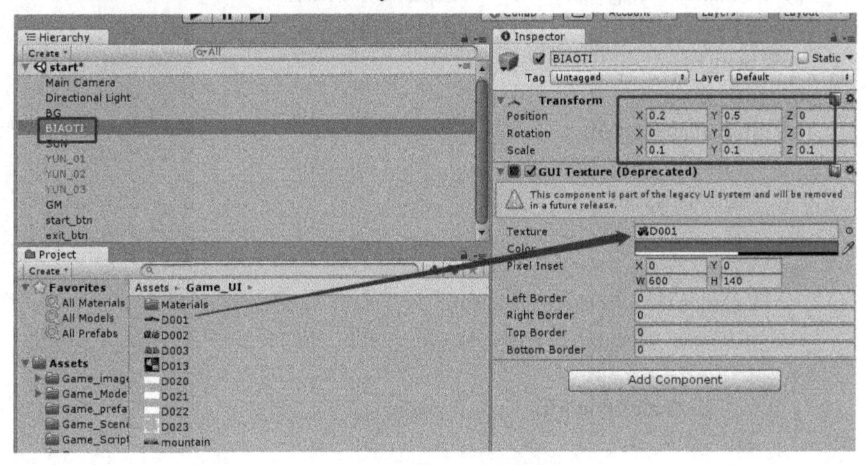

图 3-4　图片拖曳与参数修改

（3）创建 1 个太阳和 3 朵云：创建 4 个模型（Plane），分别命名为 SUN、YUN_01、YUN_02、YUN_03；分别将 Game_UI 中的图片 D023、D020、D021、D022 拖曳至 Plane 对象的 Inspector 面板中。修改 Plane 对象 Inspector 面板中的参

数，依次选择 Shade 后面的选项“Legacy Shades”→“Transparent”→“Diffuse”，将 Plane 调整为透明属性，此时图片即可显示出来。调整 4 个对象的初始位置，使其不被 BG 遮住，创建 YUN 如图 3-5 所示。

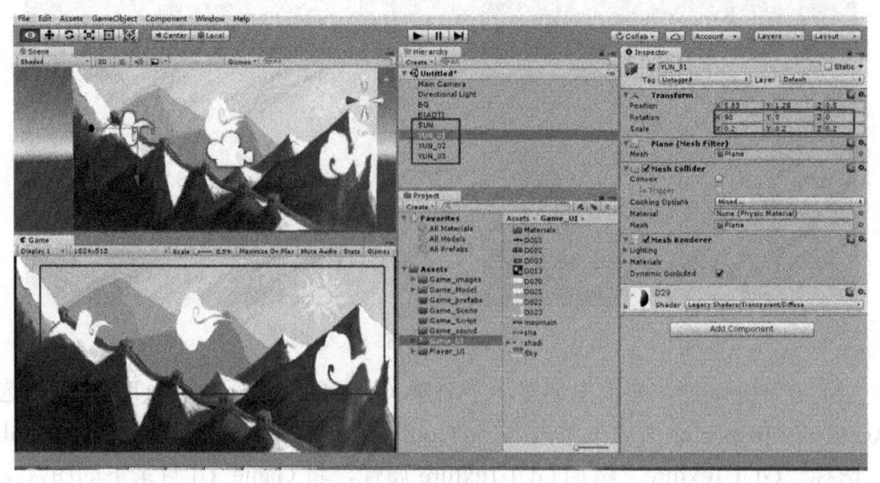

图 3-5 创建 YUN

（4）创建脚本文件 menu.cs 和 moveCloud.cs，使游戏运行时太阳旋转，云飘动，且当云运动超出一定范围后复位再重新开始飘动。具体的脚本文件代码如下。

① menu.cs 脚本文件：

```
public GameObject sun;      //声明太阳的游戏对象数组
public GameObject[] yun;    //声明云的游戏对象数组
public float speed1;        //声明太阳转动速度
void Start() {
//实例化云
    Instantiate(yun[0]);
    Instantiate(yun[1]);
    Instantiate(yun[2]);
}
void Update () {
    sun.transform.Rotate(0,speed1,0);              //控制太阳旋转
    if(!GameObject.Find("YUN_01(Clone)"))      //判断是否实例化云
    {
        Instantiate(yun[0]);
    }
    if(!GameObject.Find("YUN_02(Clone)"))
    {
        Instantiate(yun[1]);
    }
    if(!GameObject.Find("YUN_03(Clone)"))
```

```
        {
            Instantiate(yun[2]);
        }
    }
```

② moveCloud.cs 脚本文件：

```
public float speed;             //移动速度
public float X_pos;             //X 轴移动的范围
void Update () {
    //沿着 X 轴移动
transform.Translate(Vector3.right * Time.deltaTime*speed);
    //当移动的 X 轴坐标大于 X_pos 时删除游戏对象
if (transform.position.x > X_pos)
        {
Destroy(gameObject);
        }}
```

由于该脚本文件将被绑定到不同的预制体上，所以直接执行“Destroy (gameObject)”或“transform.Translate(Vector3.right * Time.deltaTime*speed)”语句即可，而不需要在前面加对象名称。

将对象 YUN_01、YUN_02、YUN_03 分别拖曳至 Project 面板的“Assets”→“Game_prefabs”目录下创建 3 个同名预制体，并删除 Hierarchy 面板中这 3 个对象，如图 3-6 所示创建预制体。

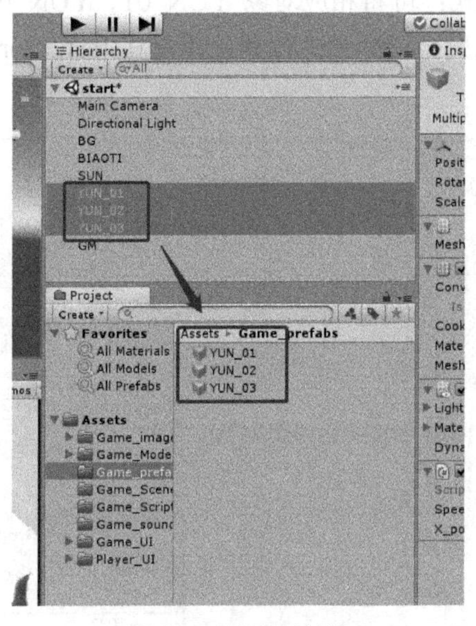

图 3-6　创建预制体

接着，创建一个空对象 GM，将脚本文件 menu.cs 绑定到 GM 上。将 Hierarchy 面板中的 SUN 对象拖曳到 GM 的 Inspector 面板中 Sun 参数框中；设置成员变量组 Yun Size 的参数值为 3；分别将 YUN_01、YUN_02、YUN_03 这 3 个预制体拖曳到 Inspector 面板中 Element 0、Element 1、Element 2 后的参数框中，如图 3-7 所示进行对象拖曳。

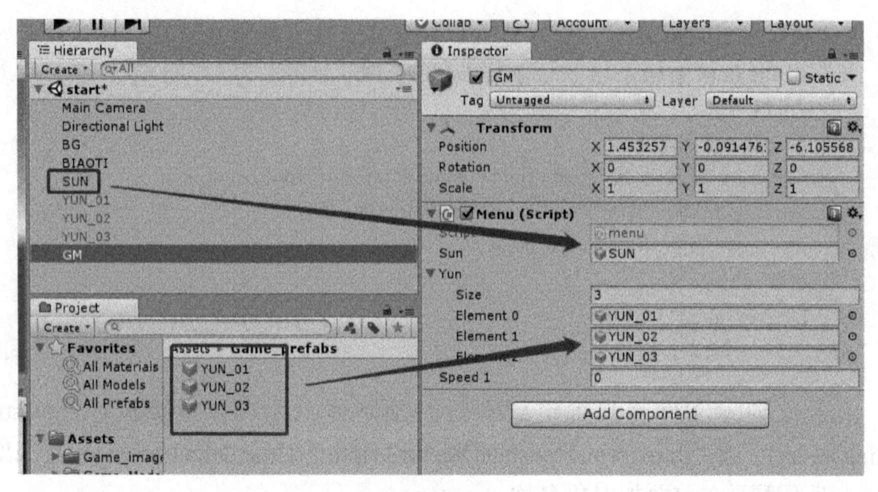

图 3-7　对象拖曳

将 moveCloud.cs 脚本分别绑定到 YUN_01、YUN_02、YUN_03 这 3 个预制体上，并分别修改每个预制体在 Inspector 面板中的 X_pos 参数值，如图 3-8 所示。（X_pos 参数值获取方式：可将相应对象 YUN_01、YUN_02 或 YUN_03 拖曳至 Scene 窗口中，向左拖曳至对象消失位置，即可在 Inspector 面板中查看 X_pos 参数值。）

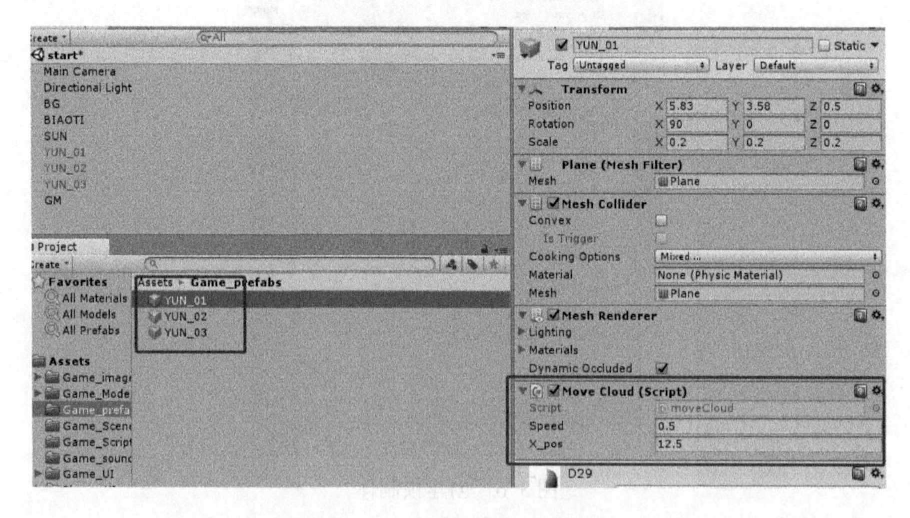

图 3-8　修改预制体参数值

（5）为 menu 场景增加“开始”按钮和“退出”按钮，步骤如下。

① 创建两个 GUITexture，分别命名为 start_btn 和 exit_btn，并分别将“Assets”→“Game_UI”目录下的图片文件 D002、D003 拖曳至这两个对象的 Inspector 面板中，修改按钮的外观（注意：GUITexture 对象本身就具有鼠标单击属性，能完成相应玩家的鼠标单击事件，故不需再增加碰撞属性）。因为这两个按钮是 GUITexture 对象，所以按钮位置参数 Position 中 Z 轴的值需与背景（BG）Z 轴的值一致，且都为 0，否则，按钮就会被遮盖。“start_btn”按钮参数设置如图 3-9 所示，“exit_btn”按钮参数设置如图 3-10 所示。

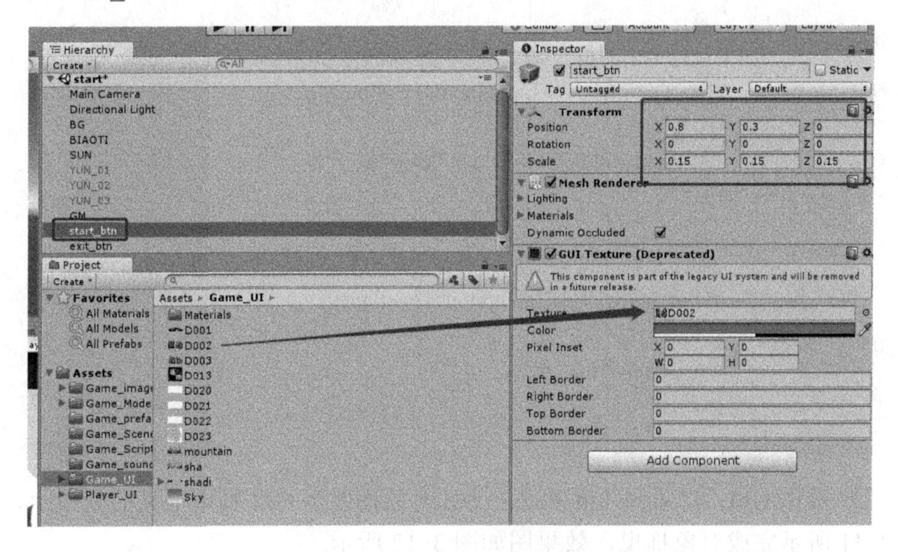

图 3-9 “start_btn”按钮参数设置

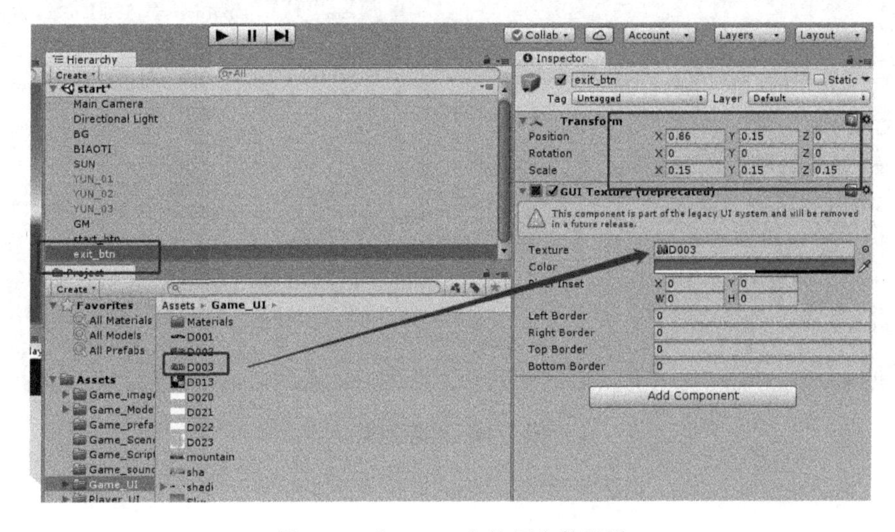

图 3-10 “exit_btn”按钮参数设置

② 修改脚本文件 menu.cs，使这两个按钮实现其功能。

增加变量声明：

```
public GUITexture start_btn;          //声明"开始"按钮
public GUITexture exit_btn;           //声明"退出"按钮
```

增加按钮单击判断：

```
//判断鼠标左键按下
if(Input.GetMouseButtonDown(0))
{
//如果鼠标单击的位置是"开始"按钮的位置，加载名称为 Select 的场景
    if(start_btn.HitTest(Input.mousePosition))
    {
        Application.LoadLevel("Select");
    }

    //如果鼠标左键单击的位置是"退出"按钮的位置，退出运行程序
    if(exit_btn.HitTest(Input.mousePosition))
    {
        Application.Quit();
    }
}
```

③ 单击 GM，将 start_btn 和 exit_btn 对象拖曳至 GM 脚本定义的变量上，如图 3-11 所示完成对象拖曳，效果图如图 3-12 所示。

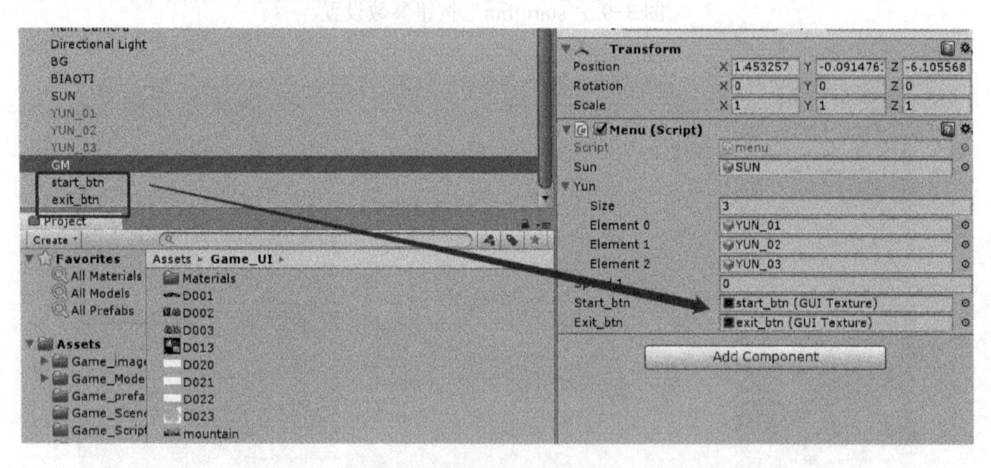

图 3-11　对象拖曳

图 3-12　效果图

④ 添加游戏背景音乐：在 Hierarchy 面板中依次选择“Create”→“Audio”→“Audio Source”选项，创建声音源（Audio Source），并命名为 sound。将 Game_sound 菜单中的音乐文件 background，拖曳至 Inspector 面板中 AudioClip 参数框中；勾选 Inspector 面板中的 Play on Awake 和 Loop 选项，可使游戏画面进入场景时，背景音乐循环播放。添加游戏背景音乐如图 3-13 所示。

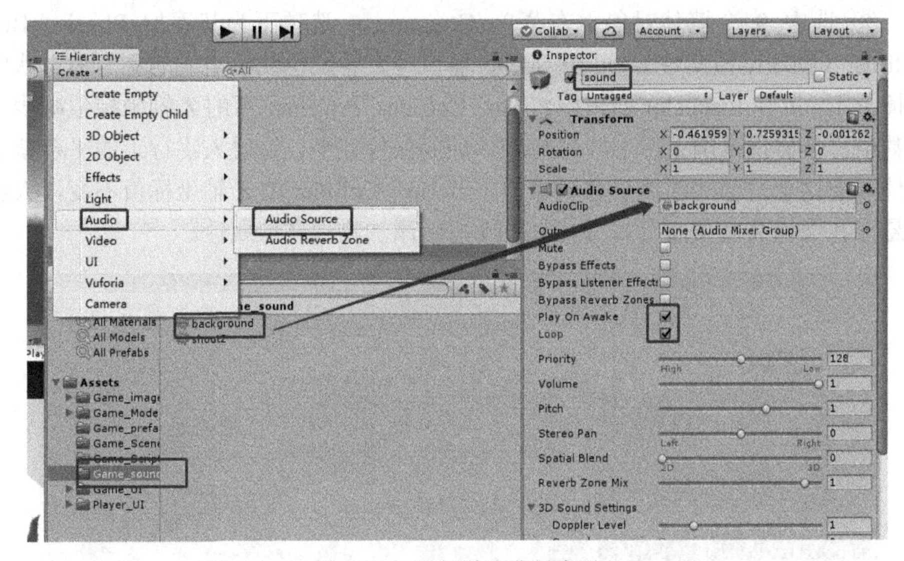

图 3-13　添加游戏背景音乐

（6）实现人物在墙体上行走，步骤如下。

① 墙体制作：将“Assets”→“Game_Model”→“Wall”目录下模型 Wall（墙体对象）拖曳至 Scene 窗口，再复制 8 个模型 Wall，分别命名为 Wall_00、Wall_01、…、Wall_08，并分别将这 9 个对象在屏幕上从左至右按照 00、01、02、…、08 的顺序排列，如图 3-14 所示创建模型 Wall。

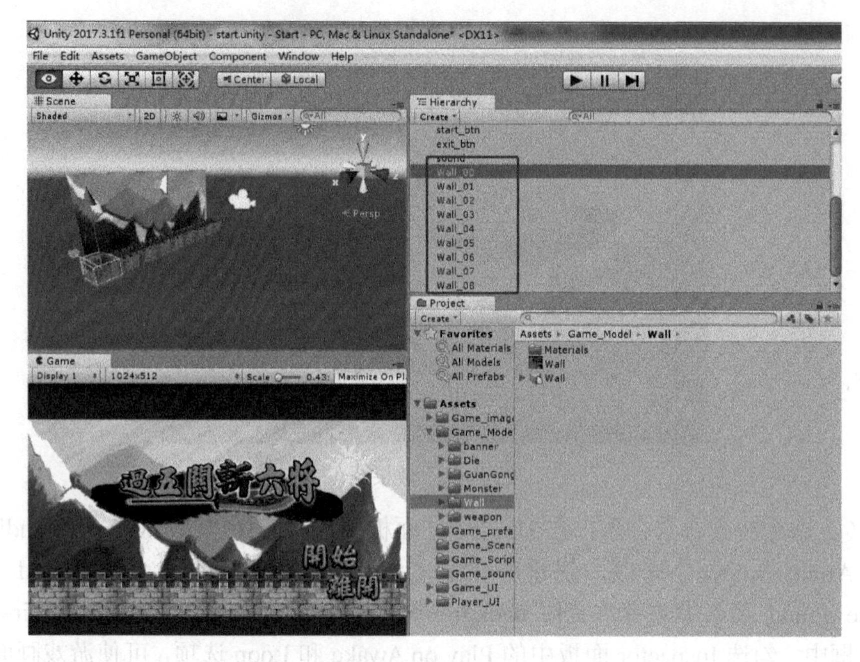

图 3-14　创建模型 Wall

② 选中 9 个墙体对象，在菜单 Component 选项下为其添加 Physics Box Collider（物理碰撞属性），可在 Scene 窗口中查看绿色线条组成的立方体形状的碰撞范围；并在 Inspector 面板中将 Box Collider 下 Center 后的 Z 轴坐标值减少一定数值，使碰撞范围上部下降到与墙体顶面保持齐平，这时人物行走的平台就是墙体顶面这个平台（因墙是有墙垛的，若 Box Collider 的 Z 轴坐标值不变，人就会悬浮在墙垛高度平面上），如图 3-15 所示添加物理碰撞属性。

图 3-15　添加物理碰撞属性

③ 将这 9 个墙体对象分别拖曳至 Project 面板中 Game_prefabs 目录下，做成 9 个预制体（Wall_00 到 Wall_08）。复制 Wall_08，并命名为 Wall_pos，将其放置到 Wall_08 的右侧（屏幕的最右边）或与 Wall_08 基本重合（查看运行结果中右边新产生的墙体与前面 9 个墙体之间是否存在缝隙，调节 Wall_pos 的位置）。隐藏 Hierarchy 面板中的这 10 个对象（因后续还会用到，故不能删除，只需隐藏即可。隐藏方式是：取消勾选 Inspector 面板中的“Inspector”选项），如图 3-16 所示创建 Wall 预制体。

图 3-16　创建 Wall 预制体

④ 将“Assets”→“Game_Model”→“GuanGong_ani”目录下的人物模型 GuanGong_ ani_0714 拖曳至 Scene 窗口。测试运行时，发现人物面对的方向不对，这时需要修改 Max 模型的方向：在 Hierarchy 面板中，选中 GuanGong_ani_0714 对象，在对应的 Inspector 面板中将其沿 Y 轴的旋转角度改为 270°；设置其 Animation 参数为“run”（也可从“Assets”→“Game_Model”→“GuanGong_ani”→“GuanGong_ani_0714”目录下将动画文件 run 拖曳至 Inspector 面板中的 Animation 参数框中），如图 3-17 所示添加动画。

⑤ 测试运行时发现，人物动画只能运行一次。为了使人物的动画效果为一直走动，需要让动画循环播放。具体操作方法是：选中“Assets”→“Game_Model”→“GuanGong_ani”目录下名为“GuanGong_ani_0714”的 Max 模型；在 Inspector 面板中，选中“Rig”选项，选择 Animation Type 后的参数为“Legacy”，如图 3-18 所示修改人物模型属性。

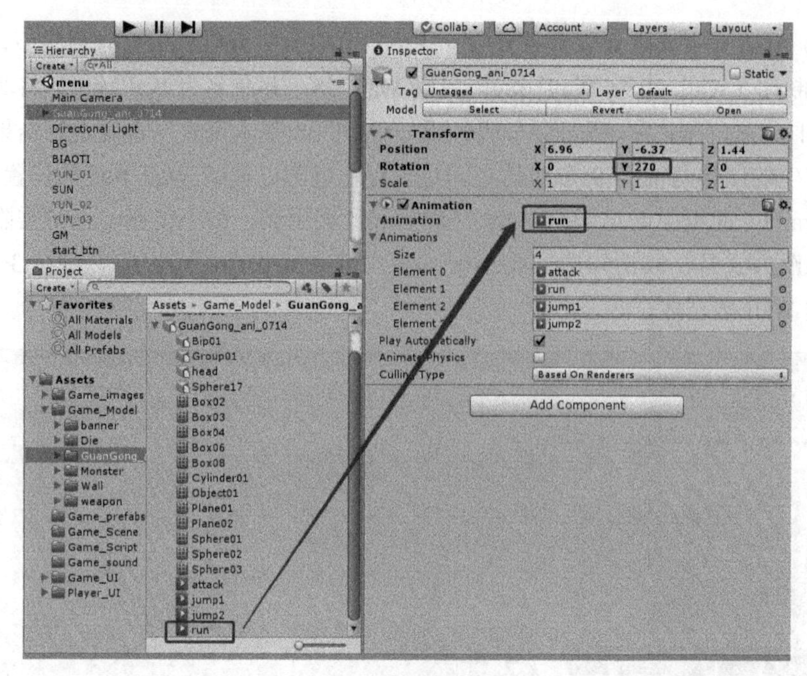

图3-17 添加动画

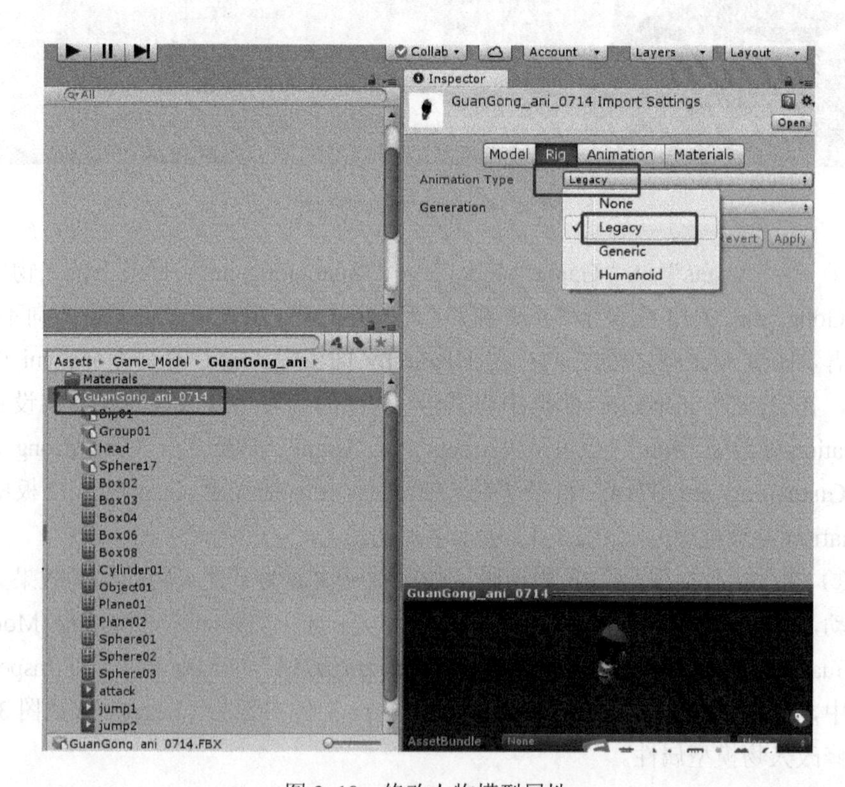

图3-18 修改人物模型属性

⑥ 旋转相机，使游戏界面可以显示墙体上的路面。

⑦ 修改 menu.cs 脚本文件，代码如下。

```
//声明墙体的游戏对象数组
publicGameObject[] wall;
publicGameObject wall_pos;
void Start () {
//实例化云
    Instantiate(yun[0]);
    Instantiate(yun[1]);
    Instantiate(yun[2]);
//实例化墙体
    Instantiate(wall[0]);
    Instantiate(wall[1]);
    Instantiate(wall[2]);
    Instantiate(wall[3]);
    Instantiate(wall[4]);
    Instantiate(wall[5]);
    Instantiate(wall[6]);
    Instantiate(wall[7]);
Instantiate(wall[8]);
}
void Update () {
    sun.transform.Rotate(0,-0.5,0);          //控制太阳的旋转
    if(!GameObject.Find("yun01(Clone)"))  //判断是否实例化云
    {
        Instantiate(yun[0]);
    }
    if(!GameObject.Find("yun02(Clone)"))
    {
        Instantiate(yun[1]);
    }
    if(!GameObject.Find("yun03(Clone)"))
    {
        Instantiate(yun[2]);
    }
//判断是否实例化墙体
    if(!GameObject.Find("Wall_00(Clone)"))
    {
    Instantiate(wall[0],wall_pos.transform.position,wall_pos.transform.rotation);
    }
    if(!GameObject.Find("Wall_01(Clone)"))
    {
```

```
            Instantiate(wall[1],wall_pos.transform.position,wall_pos.transform.rotation);
            }
            if(!GameObject.Find("Wall_02(Clone)"))
            {
            Instantiate(wall[2],wall_pos.transform.position,wall_pos.transform.rotation);
            }
            if(!GameObject.Find("Wall_03(Clone)"))
            {
            Instantiate(wall[3],wall_pos.transform.position,wall_pos.transform.rotation);
            }
            if(!GameObject.Find("Wall_04(Clone)"))
            {
            Instantiate(wall[4],wall_pos.transform.position,wall_pos.transform.rotation);
            }
            if(!GameObject.Find("Wall_05(Clone)"))
            {
            Instantiate(wall[5],wall_pos.transform.position,wall_pos.transform.rotation);
            }
            if(!GameObject.Find("Wall_06(Clone)"))
            {
            Instantiate(wall[6],wall_pos.transform.position,wall_pos.transform.rotation);
            }
            if(!GameObject.Find("Wall_07(Clone)"))
            {
            Instantiate(wall[7],wall_pos.transform.position,wall_pos.transform.rotation);
            }
            if(!GameObject.Find("Wall_08(Clone)"))
            {
            Instantiate(wall[8],wall_pos.transform.position,wall_pos.transform.rotation);
            }
        }
```

⑧ 在Unity3D中选中GM（menu.cs脚本文件已绑定到GM上），在Inspector面板中设置Menu（Script）下的Wall公共变量对象组的Size值为9；将“Assets”→“Game_prefabs”目录中的Wall_00到Wall_08这9个预制体依次拖曳至Inspector面板中对象组Wall的Element 0到Element 8中；从Hierarchy面板中将Wall_pos对象拖曳至GM的Inspector面板中Wall_pos参数框中，如图3-19所示。

⑨ 实现墙体的循环移动效果：游戏玩家看到的人物在墙体上不断行走的效果，实际上是9面墙体在不断地移动的结果。当墙体超出一定范围时就会消失，同时可利用刚消失的墙体对象的预制体，在Wall_pos的位置处实例化一个对应墙体，从而实现墙体的循环移动效果。这部分技术与前面章节3朵云的移动技术相同，可直接将“moveCloud.cs”脚本文件绑定到9个墙体预制体上。

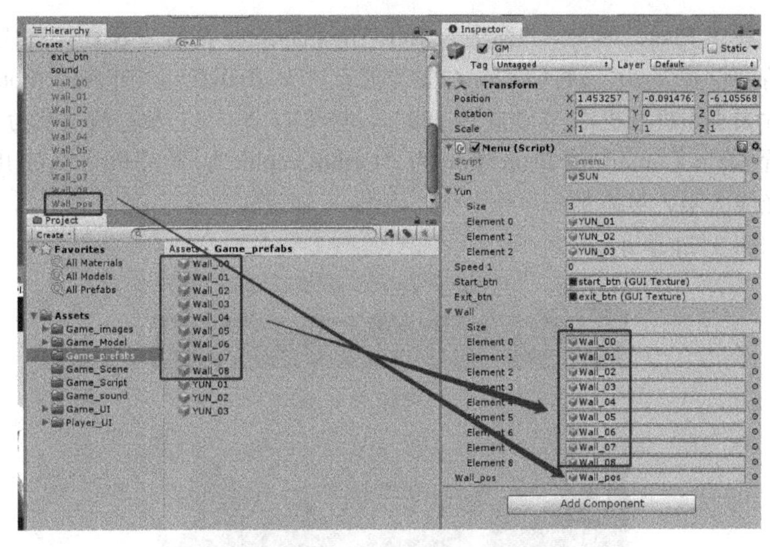

图 3-19　对象拖曳

在“Assets”→“Game_prefabs”目录中，选中 Wall_00 到 Wall_08 这 9 个预制体，依次单击菜单中“Component”→“Scripts”→“moveCloud.cs”选项，分别为这 9 个预制体绑定 moveCloud.cs 脚本，并设置 speed 和 X_pos 的值（其中 speed 的值为 0.5，X_pos 的值不是定值，需通过调试获得。调试原则是当墙体移动时，墙垛左右两边不能出现白边。一般来说，X_pos 的值要比 Wall_00 对象的 X 值大）。若在墙体移动时墙垛左右出现空白现象，可通过增加一个墙体来解决这个问题。

测试运行时的效果图如图 3-20 所示。

图 3-20　效果图

▷▷▷ 3.3.3　创建闯关选择界面

创建闯关选择界面的步骤如下。（注意：在此版本下可能存在 PSD 格式图片文件背景不透明的问题，可将其导出为 PNG 格式的图片后再使用。）

（1）新建 Scene 场景，并命名为 Select。

（2）新建 Plane 对象，并命名为 BG。在 Inspector 面板中设置其参数，将 X 轴旋转角度设置为 90°，将(X,Y,Z)参数值设置为(0,0,0)。添加图片“mountain”，调整图片大小，将相机沿 Y 轴旋转 180°，将（X，Y，Z）参数值设置为（0，0，1）；设置 Main Camera 的 Projection 为“OrthoGraphic”，给相机添加 GUIlayer；若界面光线太暗，可添加一束平行光，并将 X 轴旋转角度修改为 135°，闯关界面背景如图 3-21 所示。

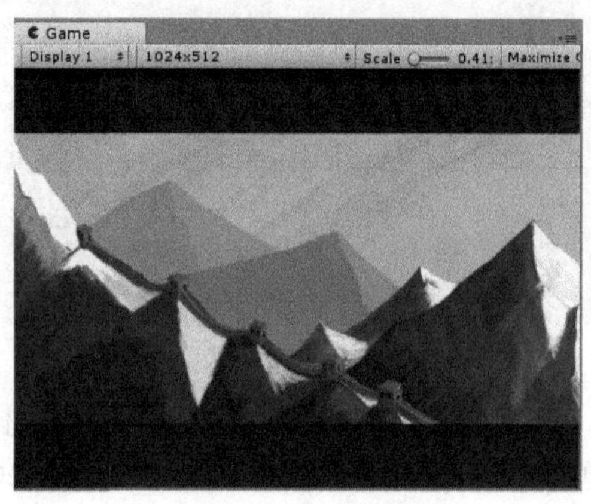

图 3-21　闯关界面背景

（3）新建 5 个 GUITexture 对象，分别命名为 level1_btn～level5_btn，将“Assets”→“Game_images”目录下的图片文件 level1～level5 分别赋给这 5 个对象，调整 Inspector 面板中的 Pixel Inset 参数（W=90，H=270）、Position 参数及 Scale 参数（Position 的 Z 轴参数值需设置为 1，否则对象可能被背景图片遮盖），如图 3-22 所示添加关卡 UI。

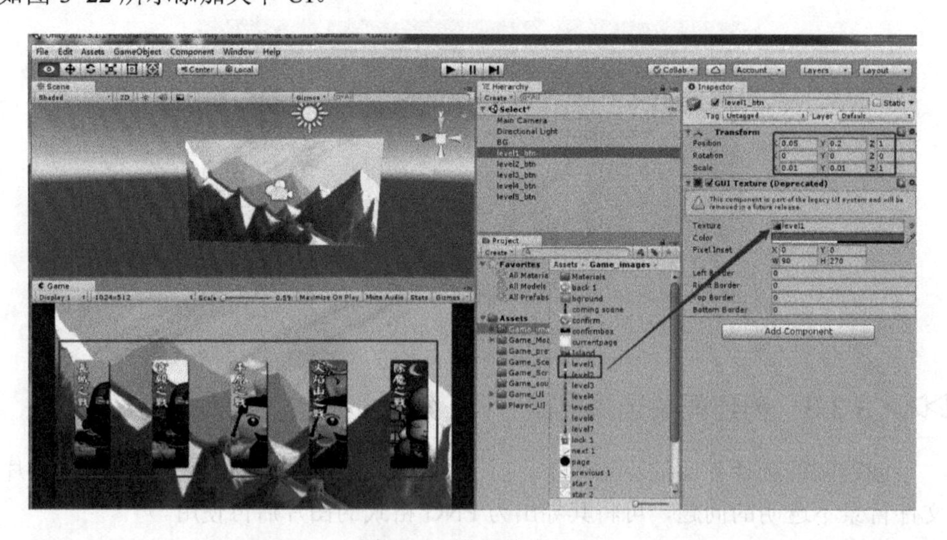

图 3-22　添加关卡 UI

（4）新建 1 个空对象，将其命名为 Selectlevel1，并将 level1_btn～level5_btn 这 5 个对象拖曳至 Selectlevel1 对象下形成其子关系，设置 Selectlevel1 对应的 Position 的 Z 轴参数值为 1，如图 3-23 所示修改关卡 UI 参数。

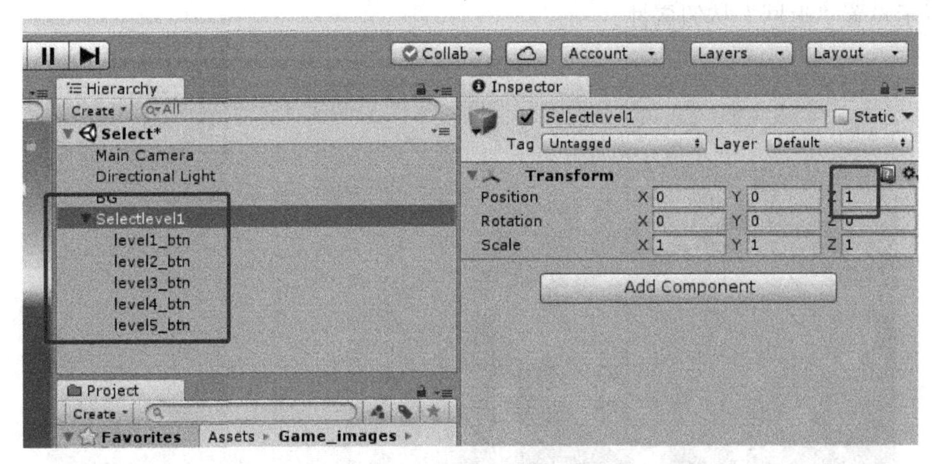

图 3-23　修改关卡 UI 参数

（5）新建 5 个 GUITexture 对象，并分别命名为 lock1～lock5，分别将“Assets”→“Game_images”目录下的图片文件 unclocked 和 lock1 赋给这 5 个对象。其中，图片文件 unclocked 赋给 level1_btn，lock1 赋给 level2_btn～level5_btn，调整 Pixel Inset 参数（W=64，H=64）、Position 参数及 Scale 参数（Position 的 Z 轴参数值需设置为 2，否则对象可能被背景图片遮盖），lock1 属性设置如图 3-24 所示。

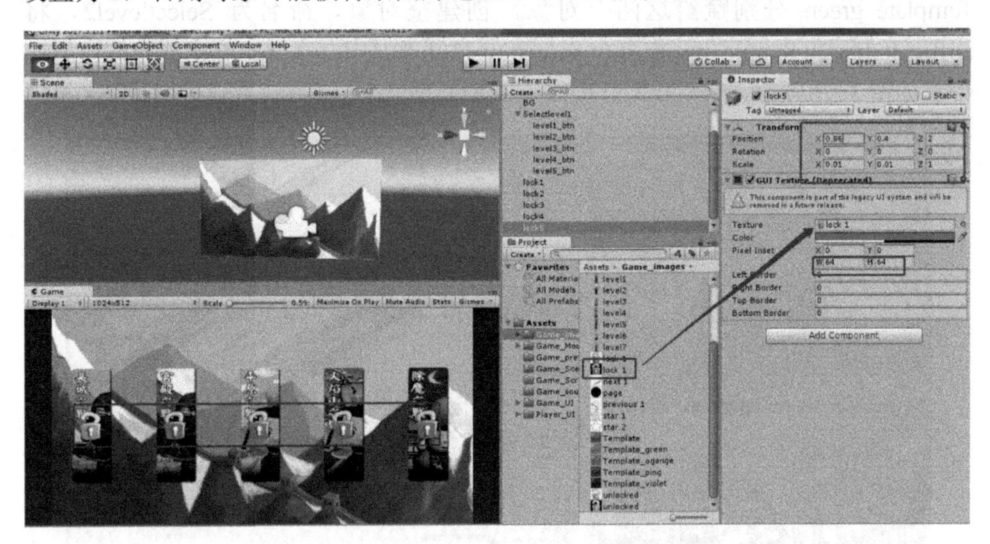

图 3-24　lock1 属性设置

（6）新建 1 个空对象，命名为“locks”，并将 lock1～lock5 这 5 个对象拖曳至 locks 对象下形成其子关系，将 locks 对应的 Position 的 Z 轴参数值设置为 2。

（7）创建“返回”按钮：新建 GUITexture 对象，命名为 reture_btn，调整其 Pixel Inset 参数（W=58，H=58）及 Position 参数，将“Assets”→“Game_images”目录下的图片文件“back1”拖曳至 Inspector 面板中 Texture 参数框中，如图 3-25 所示设置“返回”按钮属性。

图 3-25　设置“返回”按钮属性

（8）创建第一关难度选择按钮：新建两个 GUITexture 对象，分别命名为 Difficult_btn 和 Simple_btn，调整大小为 80×80，调整位置及 Position 的 Z 轴参数值为 2；再将“Assets”→“Game_images”目录下的图片文件 Template 和 Template_green 分别赋给这两个对象。创建空对象，命名为 Selectlevel2，将 Difficult_btn 和 Simple_btn 拖曳至 Selectlevel2 下形成其子关系。难度选择按钮属性设置如图 3-26 所示。

图 3-26　难度选择按钮属性设置

（9）保存 Scene，单击 menu 场景中的“开始”按钮后，出现的关卡效果图如图 3-27 所示。

图 3-27　关卡效果图

前面步骤实现了游戏场景的 GUI 界面设置，接下来需要通过脚本实现以下功能。

① 当单击“長城之戰”按钮时，出现如图 3-28 所示的难易选项效果图。

图 3-28　难易选项效果图

② 当单击“返回”按钮时，返回主界面。

图 3-28 所示画面与图 3-27 所示画面的区别在于当出现 Selectlevel2 父对象所属的两个子对象时，Selectlevel1 父对象所属的 5 个子对象消失，同时父对象 locks 所属的 5 个子对象消失。

上述要求只能通过脚本编程实现，创建脚本文件 Selectlevel.cs，代码如下。

```
public GUITexture selectlevel_01;        //声明第一级关卡一
public GUITexture Return_btn;            //声明“返回”按钮
```

```
public GUITexture Simple_btn;            //声明简单按钮
public GUITextureFuza_btn;               //声明复杂按钮
public GameObject selectlevel1;          //声明选择关卡的游戏对象
public GameObject locks;                 //声明锁的游戏对象
public GameObject selectlevel2;          //声明第二级关卡的游戏对象
void Start () {
        selectlevel2.active = false;
}

void Update () {
    if(Input.GetMouseButtonDown(0))                    //鼠标左键按下
    {
    if(selectlevel_01.HitTest(Input.mousePosition))    //单击 Selectlevel1 位置
        {
    //设置第一级关卡及锁的活动状态为关闭，即非活动状态，并且将第二级关卡开启
            selectlevel1.active = false;
            locks.active = false;
            selectlevel2.active = true;
        }
        if(Return_btn.HitTest(Input.mousePosition))
        {
            Application.LoadLevel("menu");
        }

        if(Simple_btn.HitTest(Input.mousePosition))
        {
            Application.LoadLevel("level1_1");
        }
        if(Fuza_btn.HitTest(Input.mousePosition))
        {
            Application.LoadLevel("level1_2");
        }
    }
}
```

在 Select 场景中，将脚本文件 Selectlevel.cs 绑定到相机 Main Camera 上，分别将空对象 locks、Selectlevel1、Selectlevel2 拖曳至相机 Main Camera 的 Inspector 面板中 Selectlevel 脚本下相应位置。将 Hierarchy 面板中对象 Selectlevel1 下的 level1_btn、locks 下的 return_btn、Selectlevel2 下的 Simple_btn 和 Difficult_btn 分别拖曳至Selectlevel 脚本下相应的Selectlevel_01、Return_btn、Simple_btn、Fuza_btn 参数框中，对象拖曳如图 3-29 所示。

图 3-29　对象拖曳

使用前面步骤方法添加背景音。

下一步将实现场景 level1_1 和 level1_2 的设计。

▷▷▷ 3.3.4　创建第一关简单版游戏

（1）第一关基本场景画面与游戏主界面相似，只需复制 menu 场景，并重命名为 level1_1 即可。

（2）打开场景 level1_1，删除 BIAOTI 对象、“开始”按钮和“退出”按钮。

（3）新建脚本文件 playerScript.cs，并将其绑定到空对象 GM 上，因为主界面的移动与云的移动、太阳的转动、墙体的移动一样，所以只需复制脚本文件 menu.cs 中的相应代码，并去掉与“退出”按钮、“开始”按钮相关的语句即可。之后，在 Inspector 面板中对脚本文件中的公共对象和对象组赋值（注意：除为 SUN 成员变量赋值的一定是 Hierarchy 面板中的 SUN 对象，而不是 SUN 预制体外，其余全部使用预制体赋值，若使用 SUN 预制体赋值则太阳不转动）。

（4）为墙体添加障碍物。

① 将“Assets”→“Game_Mode”→“Die”目录下的模型 A 拖曳至 Scene 窗口中，并调整模型 A 的位置（如把模型 A 放置到第 7 个墙体和第 8 个墙体之间，这时需要将 9 个墙体对象全部取消隐藏）。

② 为模型 A 增加 Box Collider 碰撞功能，并将模型 A 拖曳至 Project 面板的“Assets”→“Game_prefabs”目录下，形成预制体 A，并在 Scene 窗口中将该对象隐藏。

③ 因调整了对象位置，故需把 9 个墙体对象、模型 A 及 wall_pos 对象全部重新拖曳回“Assets”→“Game_prefabs”目录下，重新制作预制体。

④ 将脚本文件 moveCloud.cs 绑定到预制体 A 上，修改脚本文件 playerScript.cs 的内容（增加 wall[9]）。

⑤ 选中空对象 GM，在 Inspector 面板中将 wall 对象数组大小修改为 10，并将预制体 A 拖曳至 Inspector 面板中的 Element 9 处，修改脚本文件代码如下。

```
if(!GameObject.Find("A(Clone)"))
    {
Instantiate(wall[9],wall_pos.transform.position,wall_pos.transform.rotation);
    }
```

⑥ 测试运行，障碍物和墙体应一起向左循环移动、消失，实例化生成；如果障碍物运行方向与墙体不一致，则需修改预制体 A 的 Rotation 中 X、Y、Z 的参数值，具体值大小可通过不断测试来获得（此处设置 Y 参数值为 0 即可），运行效果图如图 3-30 所示。

图 3-30 运行效果图

（5）为人物模型添加刚体属性与碰撞属性（即添加胶囊碰撞体），因场景 level1 是通过复制场景 menu 得到的，故人物模型不需要重新导入。

① 在 Hierarchy 面板中选中 GuanGong_ani_0714 对象，单击菜单中“Component”→“Physics”目录下的“Rigidbody（刚体属性）”和“Capsule Collider（胶囊碰撞体）”选项，如图 3-31 所示添加物理属性。

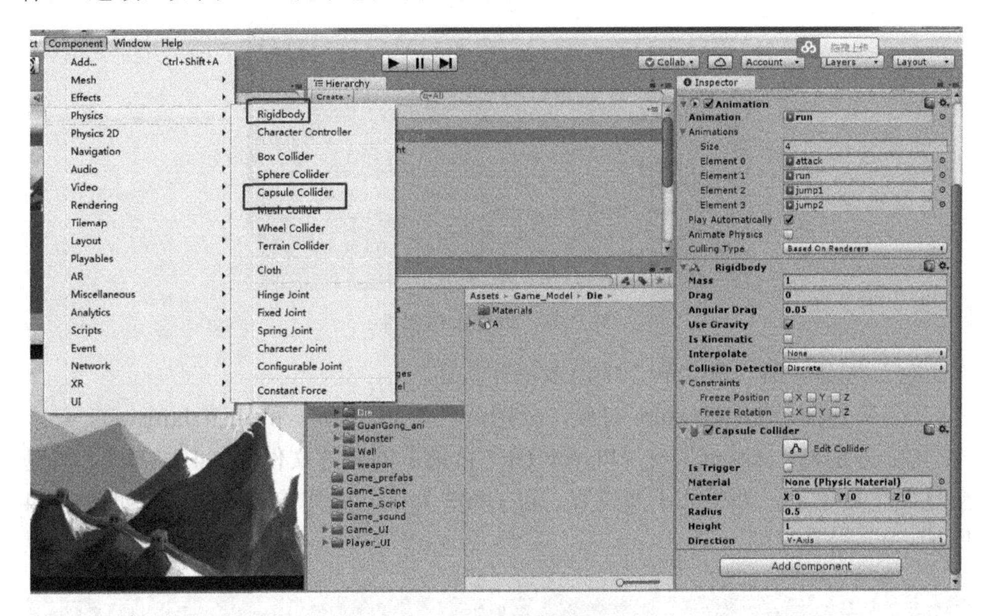

图 3-31　添加物理属性

② 在 Inspector 面板中，修改 Capsule Collider 下的参数值：Height（高度）=1.9、Center 参数中的 Y 值（胶囊碰撞体的大小）=0.9，也可自行调整，使胶囊碰撞体能够包含全部人物模型；Direction= Y-Axis。如图 3-32 所示设置碰撞属性。

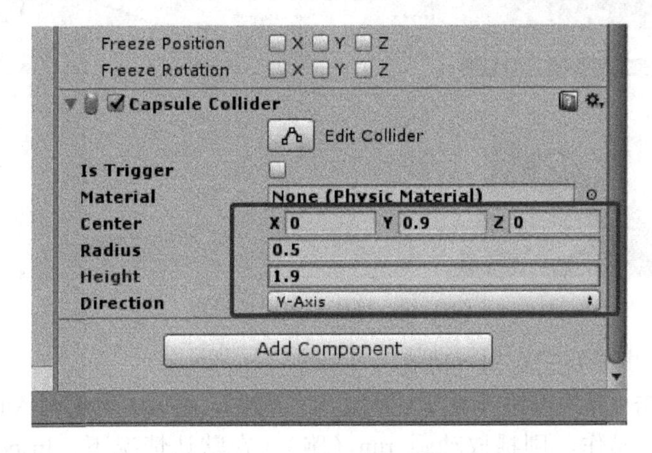

图 3-32　设置碰撞属性

③ 在Inspector面板中，修改Rigidbody下的Mass参数值为0.001，勾选“Use Gravity”选项，取消勾选Is Kinematic选项，勾选Constraints参数下的Freeze Rotation的X、Y、Z选项（表示当人物模型移动时，其在X、Y、Z轴方向上不受旋转力的影响，否则人物在起跳、下落过程中跌倒），如图3-33所示设置刚体属性。

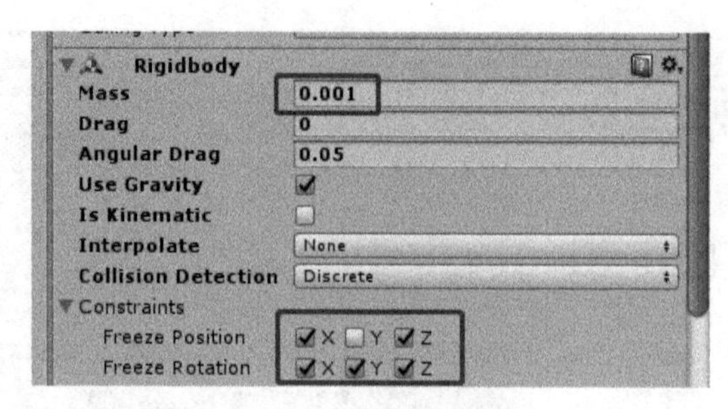

图3-33 设置刚体属性

（6）创建“跳”和“斩”的游戏操作按钮。

① 新建两个GUITexture对象，分别命名为jump_btn和zhan_btn；

② 分别将“Assets”→“Player_UI”目录下的图片文件D004和D006拖曳至这两个对象上，调整大小及位置。以D006为例，操作按钮属性设置如图3-34所示。

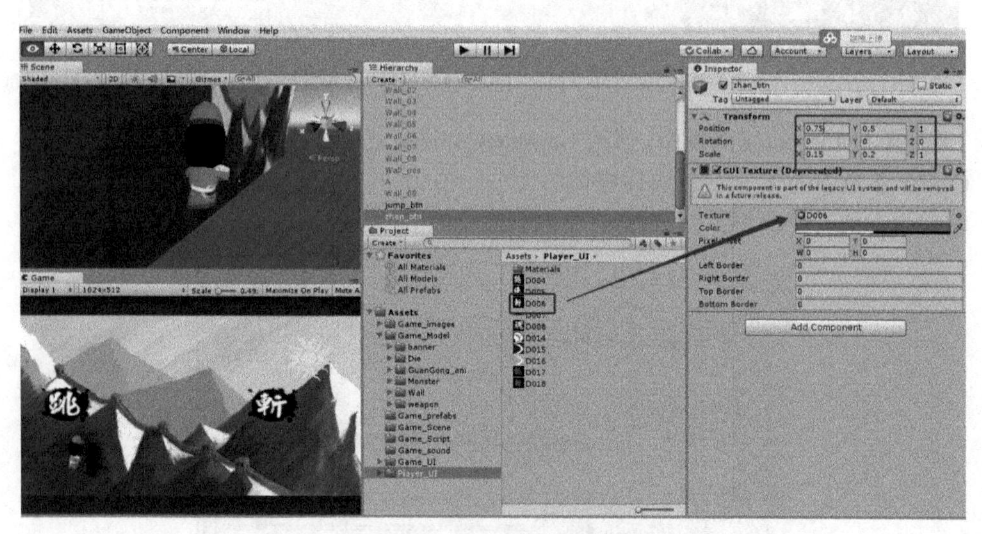

图3-34 操作按钮属性设置

（7）下一步需要完成如下功能。

① 当单击“斩”按钮或者按下键盘“E”键时，播放人物动画Attack（攻击）。若未进行上述操作，则播放动画run（跑）（在默认情况下，Inspector面板中GuanGong_ani_0714的Animation动画为Attact，需要将这个动画修改为run）。

② 当单击“跳”按钮或者按下键盘空格键时，播放人物动画 jump（跳跃）。若进行上述操作，则播放动画 run。

③ 播放人物动画 Attack 时产生子弹发射效果。

（8）为实现功能①和②的要求，创建脚本文件 player_GY.cs，并将其绑定到人物对象 GuanGong_ani_0714 上，代码如下：

```
public GameObject Player_gy;      //声明人物对象
public string Ani_run;            //声明人物对象跑的动作
public string Ani_att;            //声明人物对象攻击动作
public GUITexture jump;           //声明人物对象跳的按钮
public GUITexture zhan;           //声明发射子弹的按钮
public GameObject fire;           //声明子弹
public GameObject fire_pos;       //声明子弹的位置
Animation ani;                    //声明动画
Rigidbody rg;                     //声明刚体
void Start () {
        ani = GetComponent<Animation>();
         rg = GetComponent<Rigidbody>();
   }
void Update () {
        if (Input.GetMouseButtonDown(0))
            if (zhan.HitTest(Input.mousePosition))
                {
                 ani.Play(Ani_att); ;
                 Instantiate(fire, fire_pos.transform.position, fire_pos.transform.rotation);
            }
        if (Input.GetKeyDown(KeyCode.E))
            {
            ani.Play("Ani_att");
            Instantiate(fire, fire_pos.transform.position, fire_pos.transform.rotation);
        }

        if (!ani.isPlaying)
            ani.Play(Ani_run);
   }
```

如果人物对象在陷阱处未落下，则查看陷阱替代的墙体状态是未显示还是未注销。如果墙体状态只是未显示，那么应将墙体删除或注销。

```
//人物对象跳跃的动画
voidFixedUpdate()
    {
        if (Input.GetMouseButtonDown(0))
```

```
            if (jump.HitTest(Input.mousePosition) && Player_gy.transform. position.y < 2)
                rg.AddForce(Vector3.up * 0.075f);
            if (Input.GetKeyDown(KeyCode.Space) && Player_gy.transform. position.y< 2)
                rg.AddForce(Vector3.up * 0.075f);
    }
```

在跳跃动画播放判断语句中增加“Player_gy.transform.position.y < 2”是为了防止玩家多次单击“跳”按钮后人物跳得太高，脱离游戏界面。(可先查看人物对象位置参数中的Y值，根据Y值设置合适的高度)，如果人物对象跳不起来，可适当修改刚体属性中Mass参数的数值。

选中 GuanGong_ani_0714，在 Inspector 面板中为成员变量赋值，如图 3-35 所示完成对象拖曳。

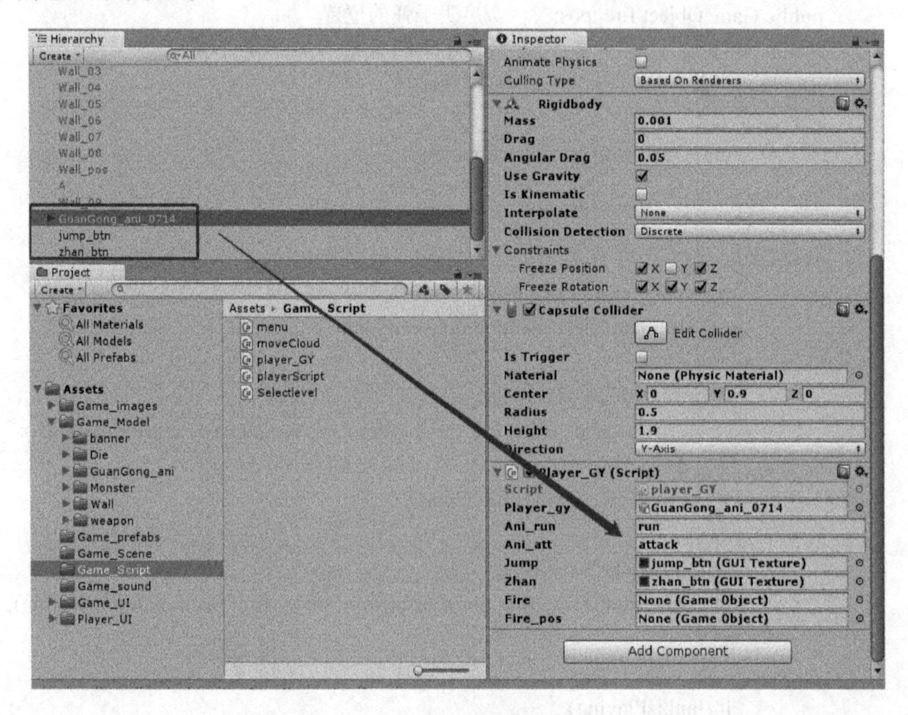

图 3-35 对象拖曳

(9) 为实现子弹发送功能，需进行如下操作。

① 创建子弹：新建对象 Plane，命名为 fire1，赋给其碰撞属性（Mesh Collider）（单击菜单中“Component”→“Physics”→“Mesh Collider”选项），勾选“Is Trigger”选项，为其添加刚体属性（Rigidbody）。为保证子弹在飞行时不落地，在 Inspector 面板的 Rigidbody 属性中勾选“Use Gravity”和“Is Kinematic”选项，并将 Project 面板中 Player_UI 下的图片文件 D015 或 D016 赋给对象 fire1，子弹属性面板设置如图 3-36 所示。

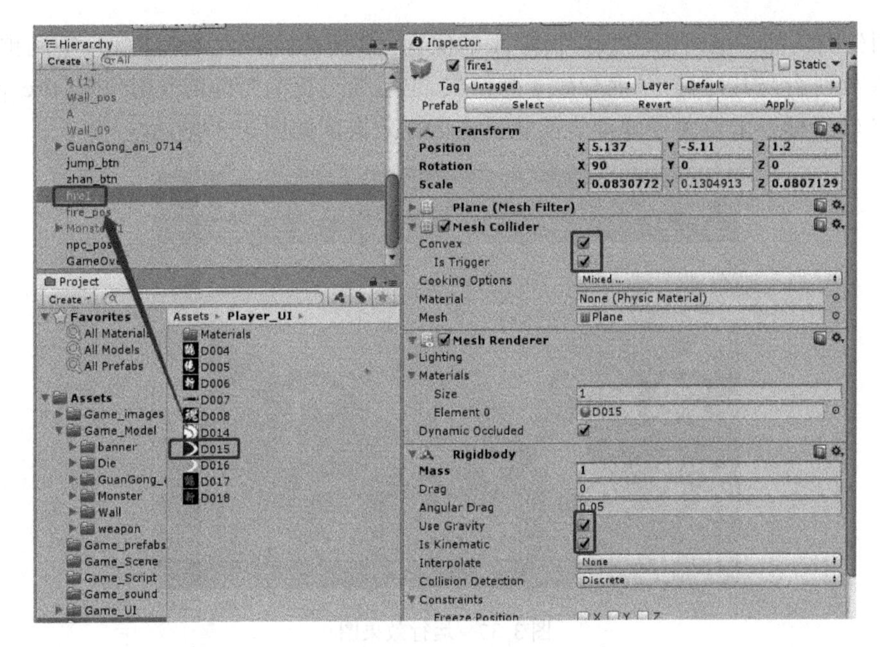

图 3-36　子弹属性面板设置

② 复制对象 fire1，重命名为 fire_pos；移动 fire_pos，将其放置在 GuanGong_ani_0714 对象的前方（即子弹产生的位置）。

③ 将对象 fire1 拖曳至“Assets”→“Game_prefabs”目录下作为预制体，设置 Inspector 面板中的 Rotation 参数值 X=90，使子弹呈直立飞行状态，在 Scene 窗口中隐藏该对象。

④ 创建脚本文件 Fire.cs，并将其绑定到预制体 fire1 上，脚本文件 Fire.cs 内容如下：

```
public float speed;
void Update () {
    transform.Translate(Time.deltaTime*speed,0,0);
}
voidOnTriggerEnter(Collider other)
    {
        Destroy(this.gameObject);
    }
```

⑤ 可将 Fire.cs 脚本绑定在 fire_pos 上，测试运行时，看子弹是否向右移动，如果不是向右移动，则改变 speed 参数值为-7。将 fire_pos 对象沿 Y 轴旋转-90°，即可使子弹按正确的方向飞行。注意 fire_pos 对象的 Z 轴值须大于 BG 的 Z 轴值，与人物对象的坐标位置相当。

上述脚本文件中设置了子弹的飞行速度，以及子弹与任何东西碰撞时子弹对象消失的功能。这时需注意预制体 A 的位置，不可太高，否则当子弹移动到预制体 A 处时会与其碰撞，从而导致子弹消失。也可通过提高子弹的发射位置（fire_pos 的 Y 轴坐标）来避免子弹消失的状况，运行效果图如图 3-37 所示。

图 3-37　运行效果图

若不知 fire_pos 的位置如何调节，可先放置一个绑定了 Fire.cs 脚本的预制体 fire1 到 Scene 窗口中，同时查看子弹是从什么位置发射的。调节其到合适的位置后，将其改名为 fire_pos，并将其拖曳至模型 Play_GY.cs 脚本下的 Fire_pos 参数框中，如图 3-38 所示。

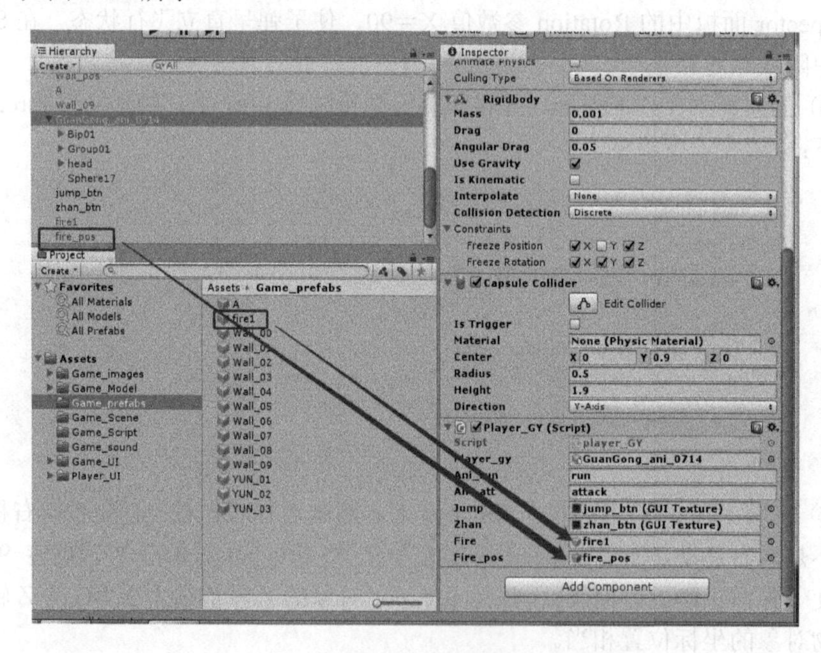

图 3-38　对象拖曳

（10）至此，人物对象实现了跑、跳、发射子弹等功能，接下来需要增加怪物，即 NPC（Non-Player Character，非玩家角色）。

① 创建空物体，命名为 npc_pos，作为 NPC 产生的位置。

② 从“Game_model”→“Monster”目录下导入模型 Monster01，将 npc_pos 沿 Y 轴的旋转角度修改为 90°，使 NPC 移动方向正确。

为 Monster01 对象添加 Box Collider、Capsule Collider 和 Rigidbody 属性，并在 Inspector 面板中设置其属性参数。Monster01 对象的具体参数设置如图 3-39 所示。

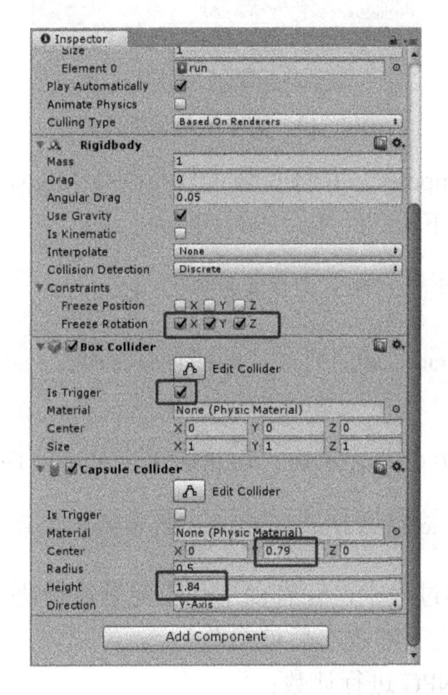

图 3-39　Monster01 对象的具体参数设置

③ 将 Monster01 对象拖曳至“Asset”→“Game_prefabs”目录下作为预制体。

④ 将脚本文件 player_GY.cs 绑定到 GuanGong_ani_0714 对象上，并增加如下内容。

```
public GameObjectnpc1;          //声明 NPC 对象
public GameObjectnpc_pos;       //声明 NPC 产生的位置
public float time;              //声明 NPC 产生的时间
void Update () {
    time = time + Time.deltaTime;
    if(time > 2)
    {       Instantiate(npc1,npc_pos.transform.position,npc_pos.transform.rotation);
        time = 0;
    }
```

以上脚本表示每两秒在npc_pos的位置产生一个NPC。选中GuanGong_ani_0714，在Inspector面板中为Npc 1、Npc_pos、Time等成员变量赋值，具体赋值情况如图3-40脚本赋值属性面板所示。

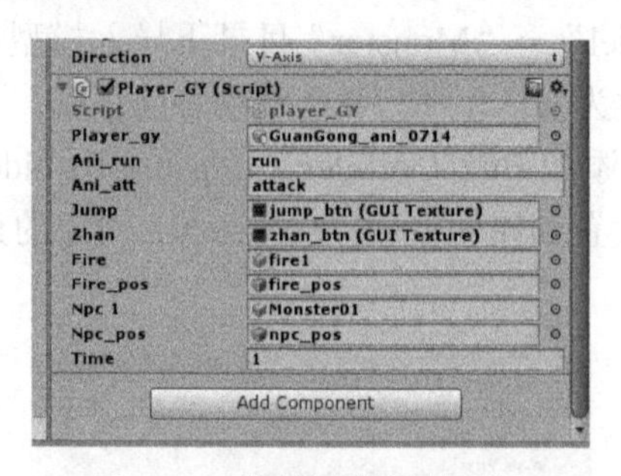

图3-40　脚本赋值属性面板

⑤ 创建脚本文件npc.cs，并将其绑定到预制体Monster01上。设置speed参数值为2，修改代码如下。

```
public float speed;      //NPC的移动速度
void Update () {
    transform.Translate(0,0,Time.deltaTime*speed*2);        //NPC的移动
}
```

测试NPC的移动方向，若不对，可将脚本文件中对应代码修改如下。

```
transform.Translate(Time.deltaTime*speed*2，0,0);
```

⑥ 在NPC移动的过程中，还有以下几个问题需解决：

（A）NPC遭到几次子弹攻击后被击败；

（B）对被击败的NPC进行计数；

（C）在NPC未被击败时，若人物碰到NPC则人物被击败，且游戏结束。

为解决以上3个问题，需做如下工作。

修改脚本文件npc.cs并将其绑定到Monster01预制体上，具体脚本修改[解决问题（A）和问题（B）]如下所示。

```
public int hitnum=0;                         //碰到NPC的次数
public int health = 2;                       //NPC的血量值
private    voidOnTriggerEnter(Collider other) {
    if (other.name == "fire1(Clone)")  //判断碰撞物体为"fire(Clone)"
    {
        hitnum++;                            //计算血量值
        if(hitnum>=health)                   //如果碰到NPC的次数大于或等于血量值
        {
            GameObjectobjectA = GameObject.Find("GM");        //找到 GM 物体
```

```
                //获取 playerScript 脚本文件
                playerScript script = objectA.GetComponent<playerScript>();
                script.killnum++;                  //击败怪物，分数+1
                Destroy(this.gameObject);          //删除怪物
            }
        }
```

为解决问题（B），还需修改 playerScript.cs 脚本，具体修改情况如下：

```
    public intkillnum = 0 ;                //累计击败怪物得分，待游戏结束时显示
```

为解决问题（C），修改 npc.cs 脚本如下：

```
    private void ( Collider other   ) {
        if(other.name == "GuanGong_ani_0714")       //碰到人物对象后宣布游戏失败
        {
            //删除人物对象
            Destroy(other.gameObject);
            //使 GameOver 脚本上的 show 变为 true
        GameObject AAA = GameObject.Find("GameOver");
    GameOver BBB = AAA.GetComponent<GameOver>();
                BBB.show = true;  }
    }
```

为解决问题（C），在修改 npc.cs 脚本的同时还需要进行 GameOver（游戏结束）处理，处理方法如下。

首先，在 Scene 窗口增加一个空对象 GameOver，创建脚本文件 GameOver.cs 并将其绑定到 GameOver 对象上。

```
     "AAA = GameObject.Find("GameOver");" //名称与脚本中的内容完全一致
```

之后，GameOver.cs 脚本文件代码如下：

```
    public GUIStylegameover;           //声明字体
    public GUIStylegameoverBG;         //声明游戏结束的背景
    public GUIStyle back;              //声明"返回"按钮
    public bool show;                  //定义 show 布尔值控制结束页面是否显示
    void Start () {
        show = false;      //初始化为 false，使该对象处于非激活状态，等待激活
    }
    private void OnGUI () {
        //设置结束界面显示的位置
        GameObjectobjectA = GameObject.Find("GM");
        playerScript script = objectA.GetComponent<playerScript>();
        if(show){
```

```
                Time.timeScale = 0;
                GUI.Label(new Rect(100,20,800,480),"",gameoverBG);
        GUI.Label(new Rect(500,350,50,30),script.killnum.ToString(),gameover);
                //单击返回，切换到 Menu 场景
                if(GUI.Button(new Rect(700,350,128,128),"",back))
                {
                    Application.LoadLevel("menu");
                }
            }
        }
```

GameOver.cs 脚本实现了 2 个功能：（A）当 npc.cs 脚本中需要 GameOver 时，通过对象名称找到 GameOver 对象，将该对象的公共变量 show 赋值成 true（Gameover.cs 中对该对象赋初始值为 false，也可通过代码 GameObject.Find("GameOver").GetComponent("GameOver").show = true 实现）；GameOver.cs 进行 if 判断，如 show 为 true，则调用两个 GUI Label 对象，显示游戏结束界面和击败敌人数。（B）实时找到 GM 对象；通过 GM 对象找到脚本文件 playerScript.cs，通过脚本文件 playerScript.cs 找到对应的 killnum 全局变量，把该变量的内容转化成字符串显示在界面上。

⑦ 在显示击败敌人数时，还需显示“击败第　人”的图片。选中 GameOver 对象后，在 Inspector 面板中可看到绑定在上面的 GameOver 脚本，将目录“Assets”→“Game_UI”下的图片 sha 拖曳至 Inspector 面板中“GameOver BG”→“Normal”→“Background”处，如图 3-41 所示。

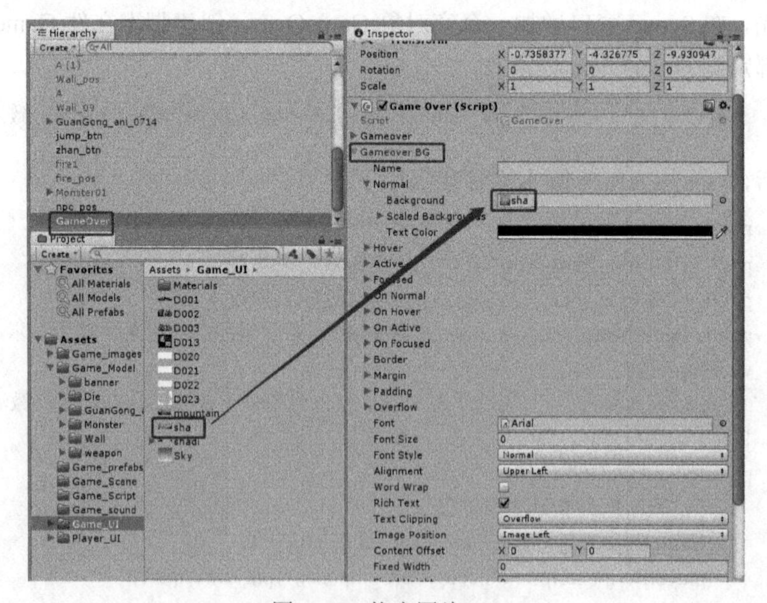

图 3-41　拖曳图片 sha

把“Assets”→“Game_UI”目录下的图片文件 D013 拖曳至 Inspector 面板中“Back”→“Normal”→“Background”处，如图 3-42 所示。

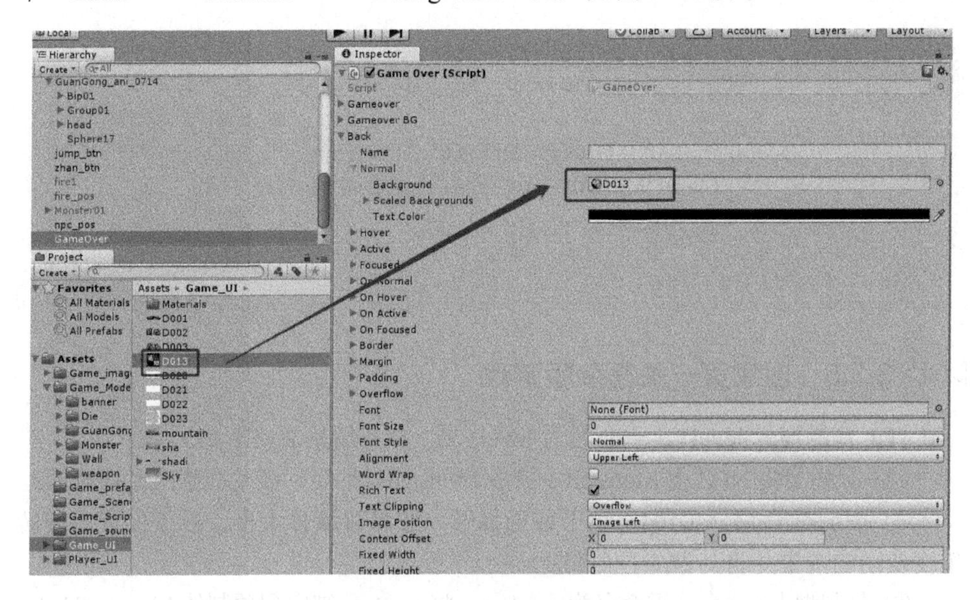

图 3-42　拖曳图片 D013

在 Inspector 面板中 Gameover 下的 Overflow 处调整字体样式，设置字体为 Arial；字体大小为 50，如图 3-43 所示。

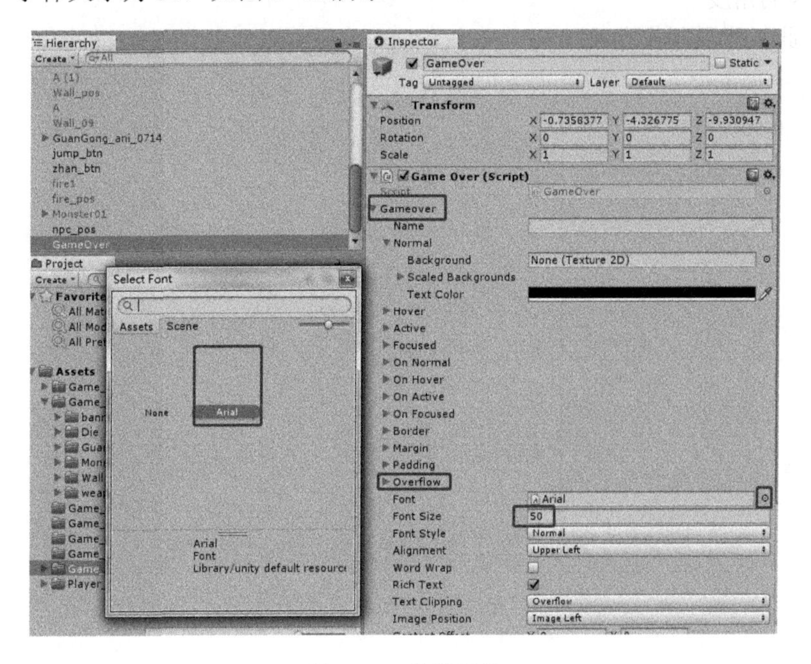

图 3-43　设置字体

⑧ 为实现当人物碰到障碍物时游戏结束的功能，需在 moveCloud.cs 脚本中做如下修改。

```
private void OnTriggerEnter(Collider other) {
        if(other.name == "GuanGong_ani_0714")
        {
    GameObject AAA = GameObject.Find("GameOver");
            GameOver BBB = AAA.GetComponent<GameOver>();
                BBB.show = true;
        }
}
```

▷▷▷ 3.3.5 创建第一关复杂版游戏

（1）复制场景 level1，重命名为 level1_2，打开场景 level1_2。

（2）只需要将 NPC 由 Monster01 换成 Monster04 即可，涉及的修改之处包括：

① 增加对象 Monster04，调节碰撞属性、胶囊碰撞体大小、对象位置、旋转角度及动画效果并将其做成预制体；

② 复制脚本 npc.cs，重命名为 npc1.cs，将 npc1.cs 绑定到预制体 Monster04 上；

③ 在 level1_2 场景中，选中对象 GuanGong_ani_0714，给 Inspector 面板中的 player_GY 脚本成员变量 npc1 赋值 Monster04；注意修改 NPC 的角度、速度及 npc_pos 的角度。

至此，作品制作完成。

第 4 章　AR 形式 App 作品制作案例

▷▷ 4.1　作品简介

本作品是利用 Unity 开发的一款工程制图 App 作品。本作品以 AR 的形式通过旋转、缩放等交互操作展现机械模型，可帮助学生提高空间想象能力。该作品的主要目标人群是学习机械工程有关知识的学生；开发此作品的目的是为了解决机械工程等相关专业教学过程中学生空间想象力不足、教具无法满足教学要求等问题。

▷▷ 4.2　开发环境介绍

- 开发环境：Unity3D。
- 版本：Unity 2017.3.1。

初始工程文件中包含了 QR Code scanner plugin for Unity3D 及 3DMax 制作插件。

初始工程文件目录如图 4-1 所示。

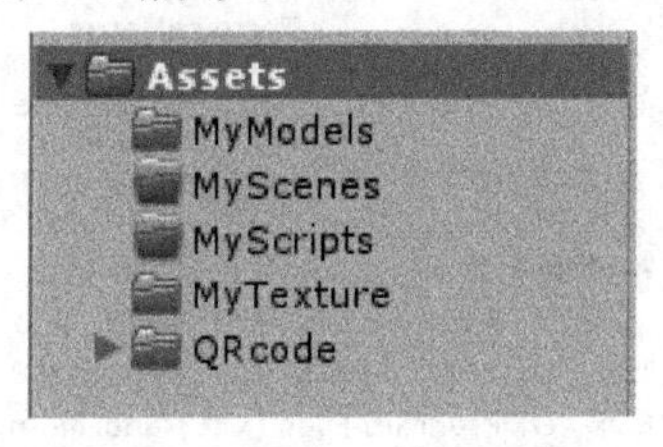

图 4-1　初始工程文件目录

QRcode 文件夹中含有导入的 QR Code scanner plugin for Unity3D 插件；MyModels 文件夹中含有一个机械工件模型；MyTexture 文件夹中含有 App 的 UI 文件。

▷▷▷ 4.2.1　安装 Unity 引擎

在计算机上安装 Unity 开发引擎，具体方法可参见第 1 章。

▷▷▷ 4.2.2　开发环境配置

（1）Android SDK 与 JDK 环境获取。

JDK 官网下载地址：https://www.oracle.com/technetwork/java/javase/downloads/

jdk8-downloads-2133151.html

Android SDK 官网下载地址：https://android-sdk.en.softonic.com/?ex=DSK-1262.0

（注意：如果从官网下载太慢，可以从 https://pan.baidu.com/s/1jJx7Ubc 下载，密码为 2avz。）

Android SDK 需要解压到当前目录下，并指定 Android SDK 与 JDK 在任意路径下（该路径不能是中文目录）。例如，Android SDK 放置在 D:/InstallPath/SdkPath/android-sdk 路径下；双击 JDK 运行安装程序，将 JDK 放置在 C:/Program Files (x86)/Java/jdk1.8.0_151 路径下。

（2）在 Unity 中配置 Android SDK 与 JDK 环境。

打开 Unity，依次选择“Edit”→“Preferences”→“External Tools”-“Android”，如图 4-2 所示配置 SDK 和 JDK。

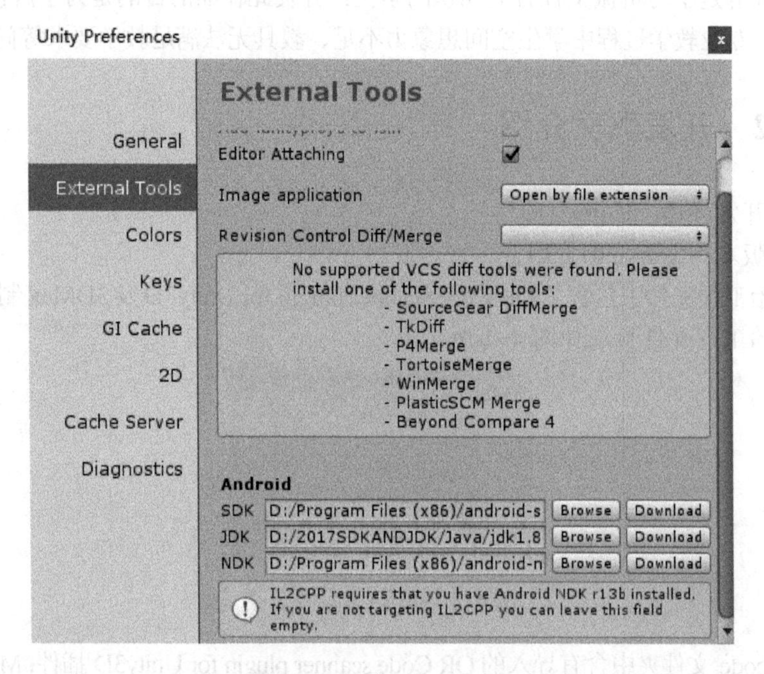

图 4-2 配置 SDK 和 JDK

① 单击（注：未说明鼠标右键单击时，单击均指鼠标左键单击）SDK 输入框右侧的“Browse”按钮浏览路径，指定该路径为 Android SDK 解压存储路径（该路径不能是中文目录）。

② 配置 Java 环境。

③ 单击 JDK 输入框右侧的“Browse”按钮浏览路径，指定该路径为 JDK 安装存储路径（该路径不能是中文目录）。

④ 完成在 Unity 中配置 Android SDK 与 JDK 工作。

（3）配置 NDK 环境。

单击 NDK 输入框右侧的“Download”按钮，其余步骤同上。

（4）配置计算机环境。

鼠标右键单击桌面“计算机”图标，鼠标左键依次单击“属性”→“高级系统设置”→“环境变量”，查找系统变量，如图 4-3 所示配置计算机环境。

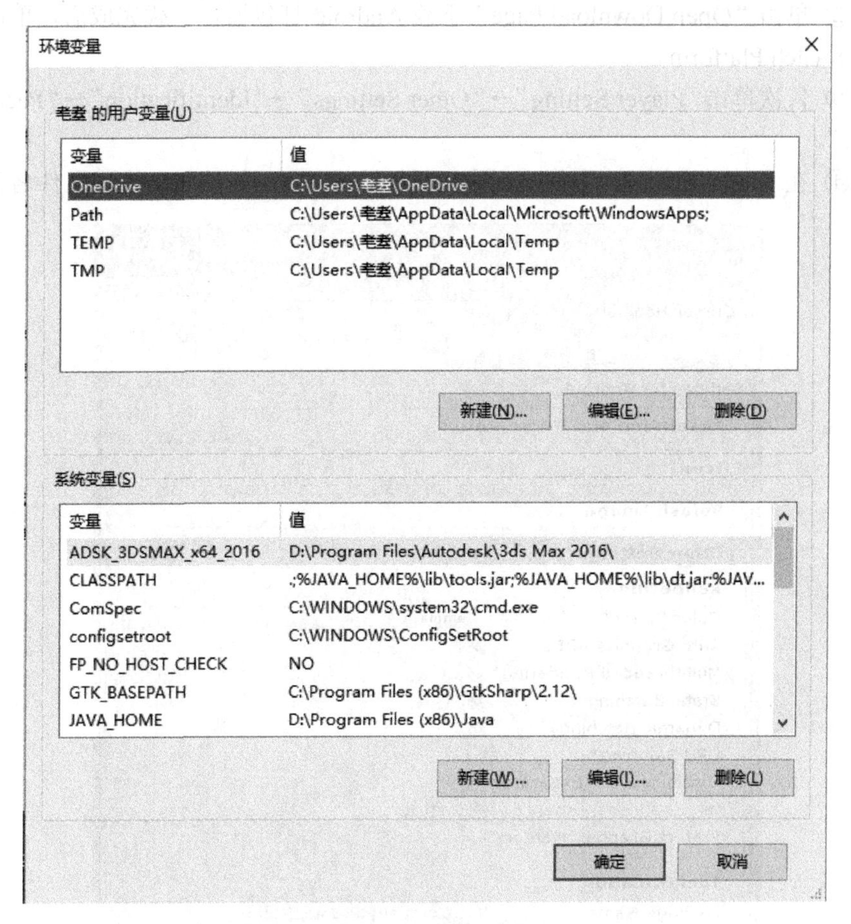

图 4-3　配置计算机环境

单击“新建（W）…”按钮，新建下列三个系统变量，并设置变量名和变量值。

① 变量 JAVA_HOME：变量值为 JDK 存储路径。

② 变量 PATH：在变量值处需在原基础上增加下列语句。

```
;%ANDROID_SDK_HOME%\platform-tools;%ANDROID_SDK_HOME%\tools;%JAVA_HOME%\bin;%JAVA_HOME%\jre\bin;
```

③ 变量 CLASSPATH：变量值为下列语句。

```
.;%JAVA_HOME%\lib\tools.jar;%JAVA_HOME%\lib\dt.jar;%JAVA_HOME%\bin;
```

若上述变量在列表中已存在，则不需要新建，直接修改变量值即可。

（5）获取 Unity Android 打包器。

① 依次单击“File”→“Build Setting”→“Android”。

② 单击“Open Download Page”下载 Android 打包器，下载完成后，单击左下角 Switch Platform。

③ 依次单击“Player Setting”→“Other Settings”→“Identification”→“Package Name”。

④ 在 Package Name 后输入如图 4-4 中所示内容，修改.apk 格式文件名称。

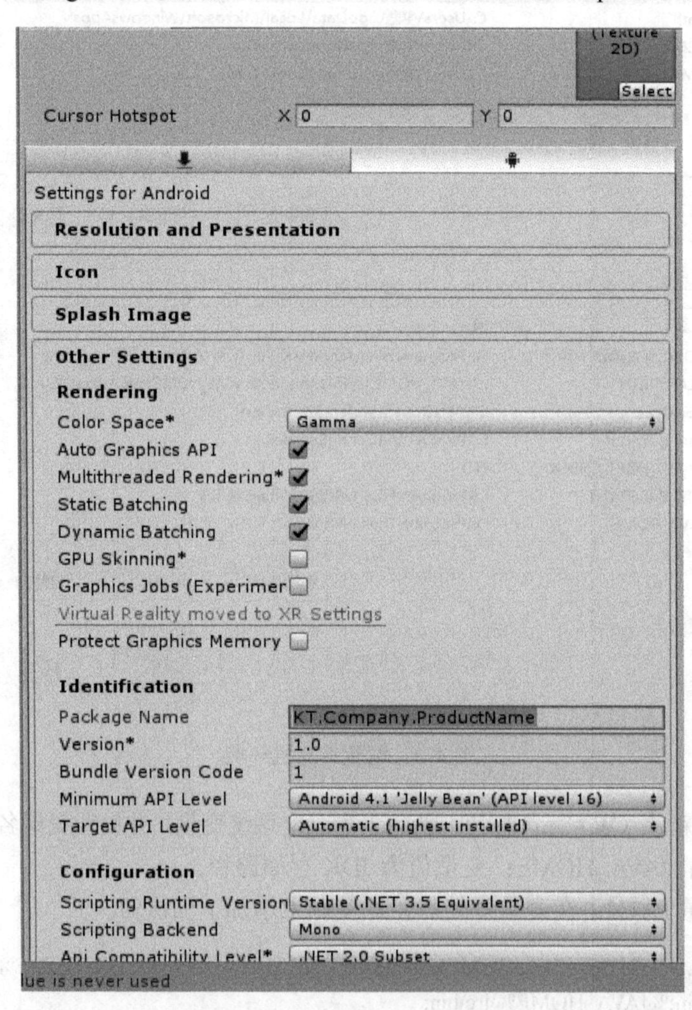

图 4-4　修改.apk 格式文件名称

⑤ 单击“Build”运行打包程序并指定存储路径，一段时间后即可在存储路径中看到一个带.apk后缀名的程序。

（6）将程序发送到Android手机上，单击打开.apk文件。

4.3　实现过程

4.3.1　首页制作

（1）转换平台：打开工程文件QRScanProject，单击“File”→“Build Settings”，在Platform菜单下选择“Android”选项，单击“Switch Platform”按钮，如图4-5所示。

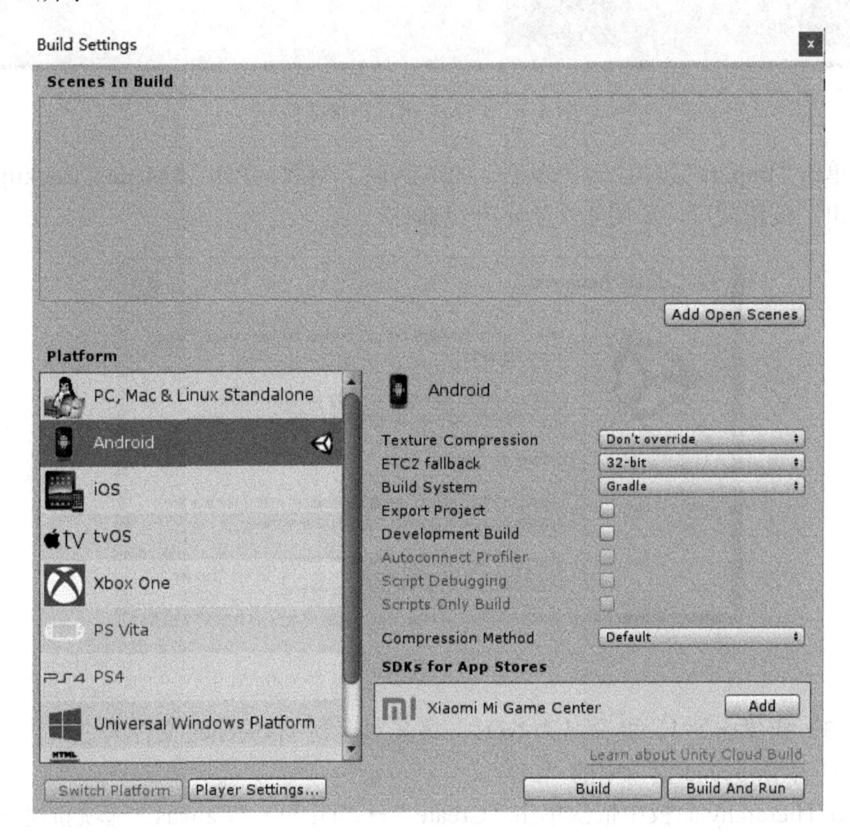

图4-5　转换平台

（2）导入二维码扫描插件QR CodeBarcode Scanner and Generator-Cross Platform.Unitypackage，如图4-6所示。

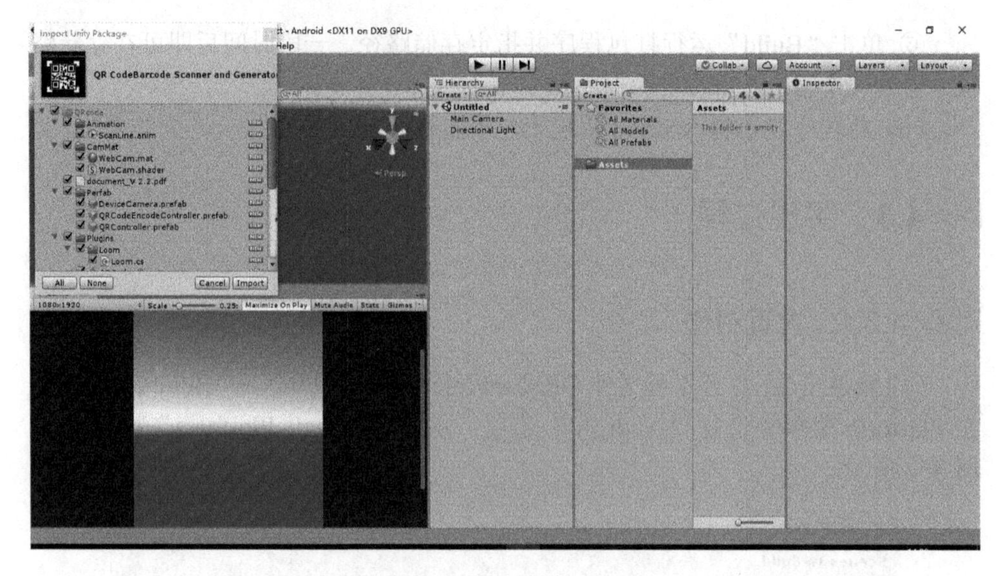

图 4-6　导入二维码扫描插件

单击“Import”按钮，导入插件。如遇到以下问题，单击“I Made a Backup.Go Ahead!”按钮即可，如图 4-7 所示升级插件。

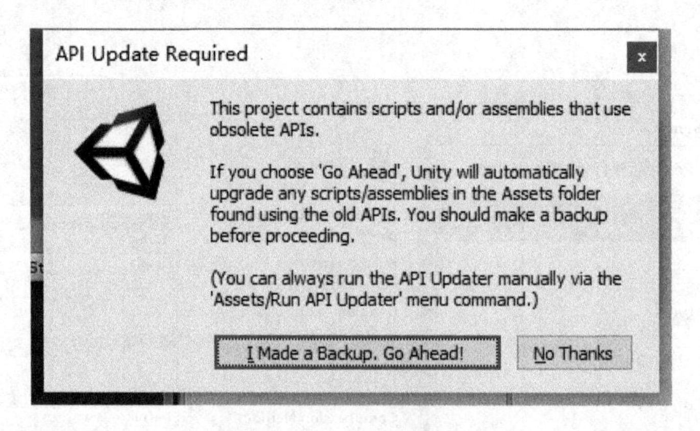

图 4-7　升级插件

（3）新建场景 1，并命名为 NO1，将其保存到 MyScenes 文件夹中。

① 单击 Scene 窗口中的“2D”。

在 Hierarchy 面板中依次单击“Create”→“UI”→“Canvas”选项新建画布，创建场景 NO1（项目首页）。如图 4-8 所示创建画布。

在 Hierarchy 面板中依次单击“Create”→“UI”→“RawImage”选项。在 Inspector 面板中，单击 Rect Transform 选项的右下角图标，如图 4-9 所示调整布局。

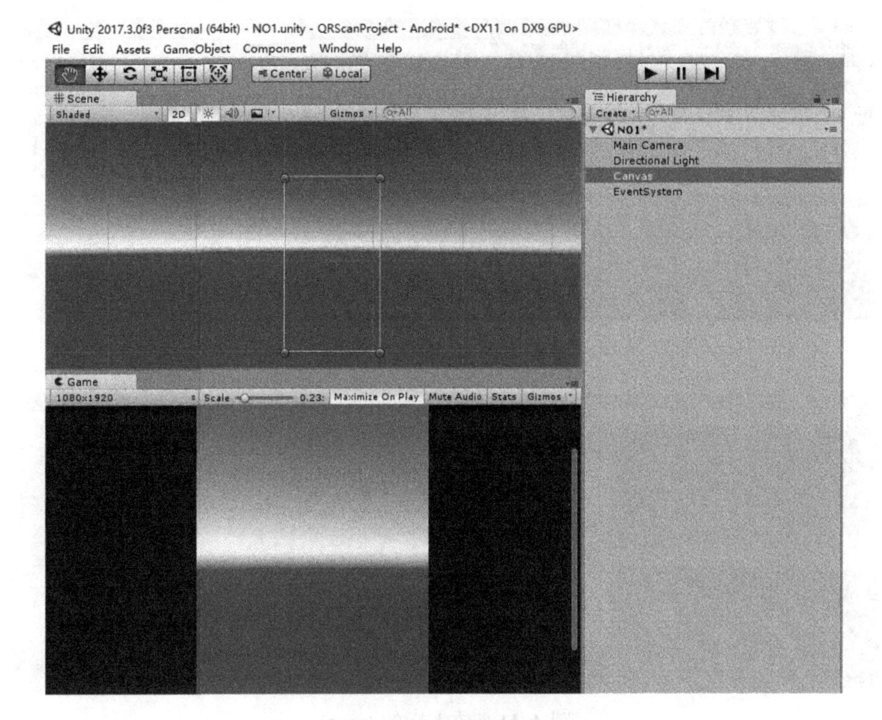

图 4-8　创建画布

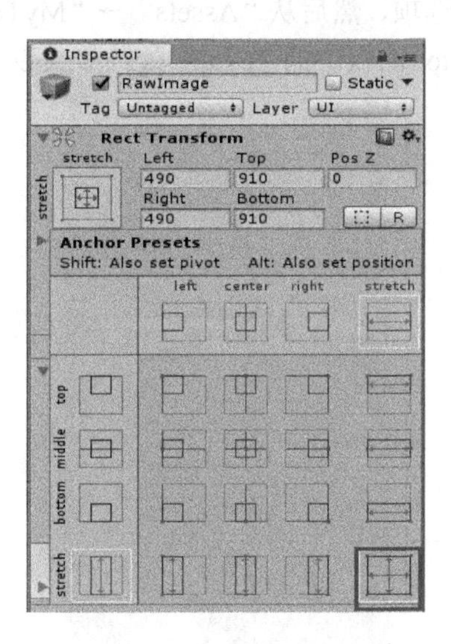

图 4-9　调整布局

双击 Hierarchy 面板中的 RawImage 选项，在 Scene 窗口中将 Image 放大至合适尺寸（为了使项目输出到屏幕大小不同的手机上时，UI 能够等比例缩放），放大前、放大后的 Image 分别如图 4-10 和图 4-11 所示。

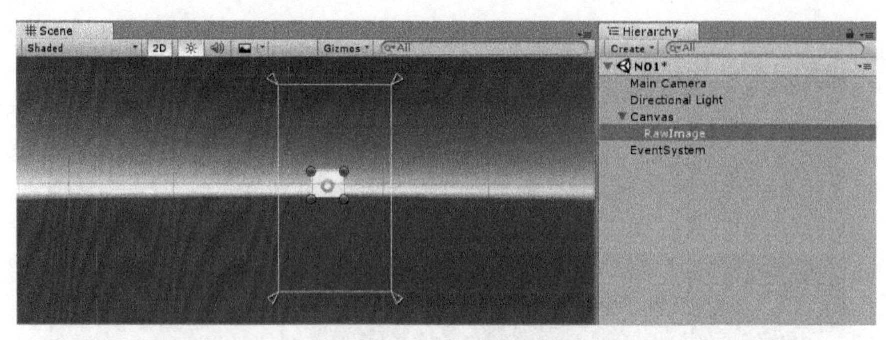

图 4-10　放大前的 Image

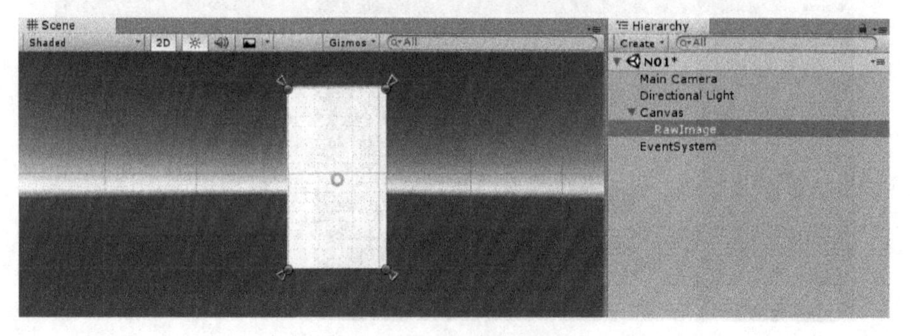

图 4-11　放大后的 Image

② 选中 RawImage 选项，然后从“Assets”→“MyTexture”文件夹下拖曳图片 BackGround 到 Inspector 面板中的 Texture 处，参数设置如图 4-12 所示。

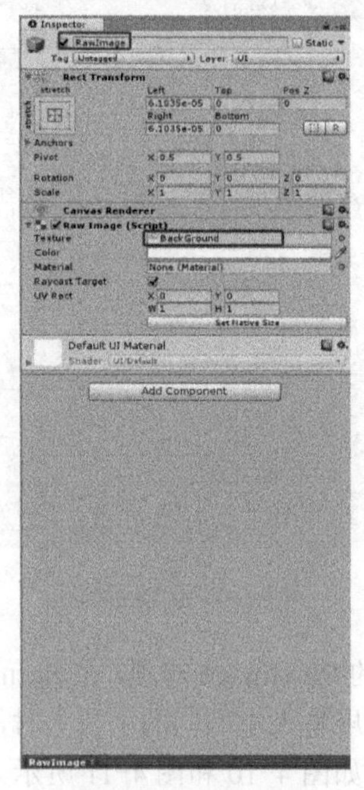

图 4-12　参数设置

此时，图片附在 Image 上，Scene 和 Game 页面如图 4-13 所示。

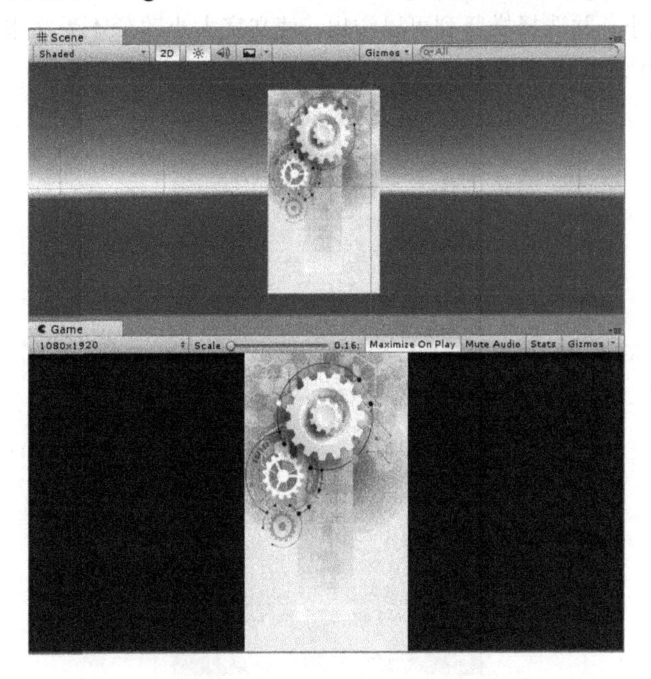

图 4-13　Scene 和 Game 页面

单击 Hierarchy 面板中的 Canvas，鼠标右键依次单击“UI”→“Text”选项。

同样，在 Inspector 面板中，单击 Rect Transform 中的“中间”布局，如图 4-15 所示调整布局。

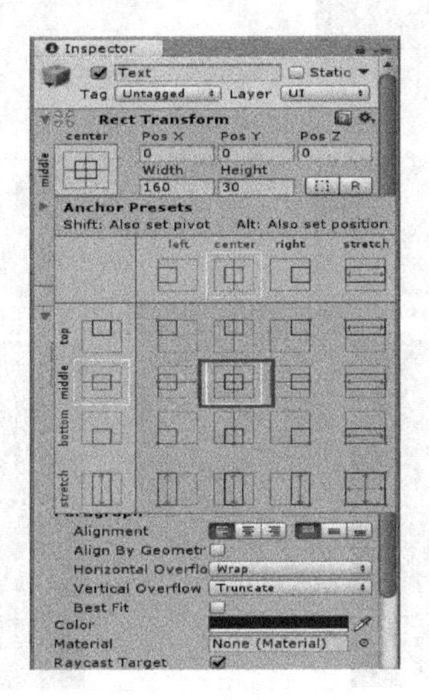

图 4-14　调整布局

选中 Hierarchy 面板中的 Text，在其对应的 Inspector 面板中改变文字内容、字体、字体大小，并选择横竖列可以溢出，使文字大小改变不受文本框大小限制，如图 4-15 所示进行文本设置。

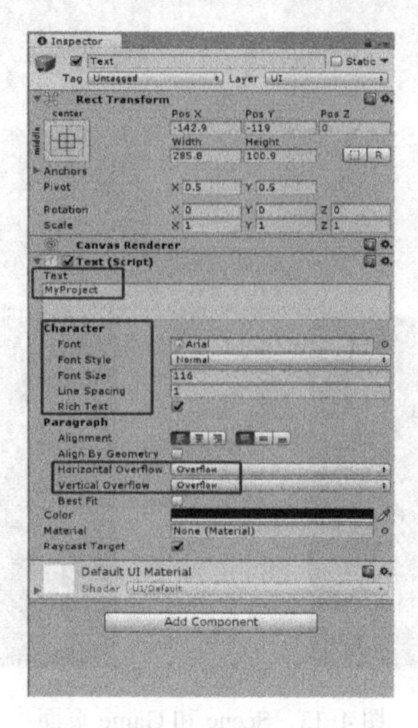

图 4-15　文本设置

启动页面如图 4-16 所示，启动页面属性如图 4-17 所示。

图 4-16　启动页面

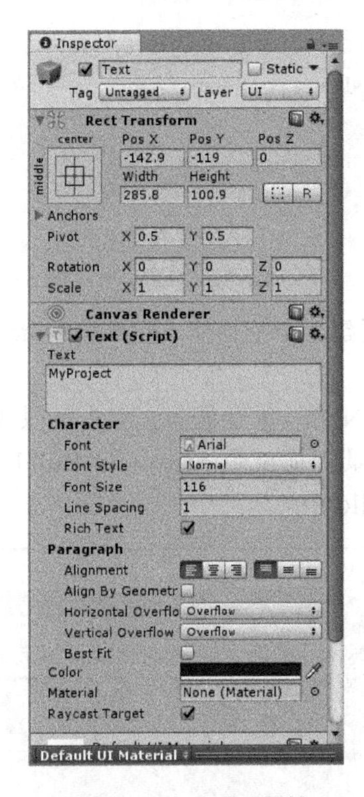

图 4-17　启动页面属性

在 MyScript 文件夹中新建 c#脚本，命名为 Switch1.cs，进行编程。

```
usingSystem.Collections;
usingSystem.Collections.Generic;
usingUnityEngine;
using UnityEngine.SceneManagement;    //新加入该命名空间声明，运行时的场景管理

public class Switch1 : MonoBehaviour
{
    // Use this for initialization
void Start()
    {
StartCoroutine(Addsense());
    }
//利用全称协同程序，等待 3 秒并转跳到场景 2
IEnumeratorAddsense()
    {
        yield return new WaitForSeconds(3f);    //等待 3 秒
SceneManager.LoadScene("NO2");    //转跳至另一场景
    }
```

```
        // Update is called once per frame
    void Update()
        {

        }
    }
```

在Hierarchy面板中新建一个空物体，将脚本Switch1.cs拖曳至空物体上，保存项目。

新建场景2，命名为NO2，保存场景。双击场景1，打开"File"→"Build Settings"，将场景1、场景2拖曳至Scenes In Build下，如图4-18所示，将场景加载至Scenes In Build中。

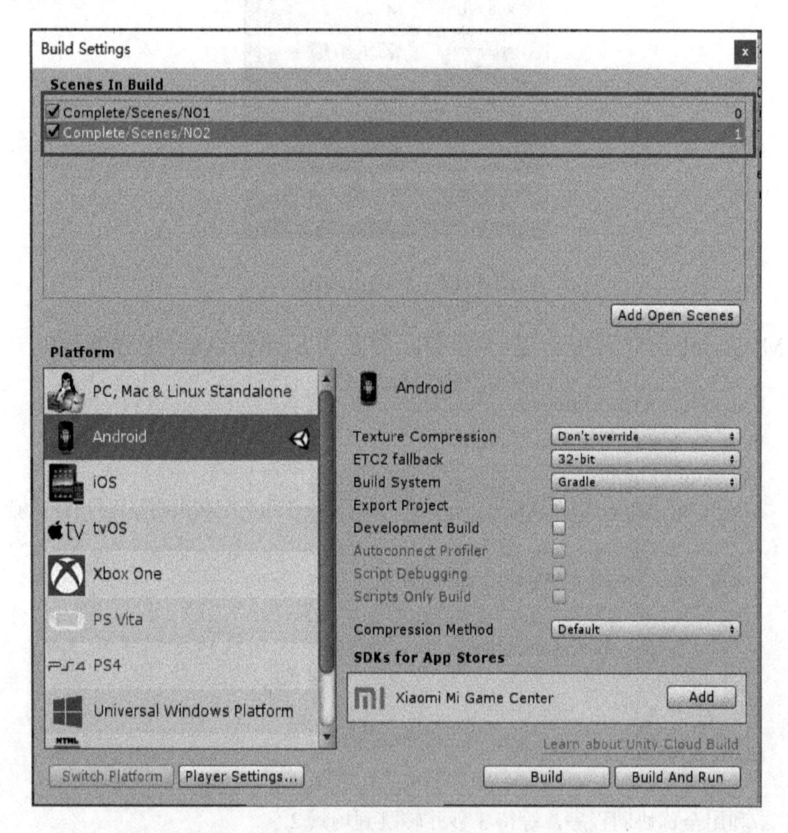

图4-18 将场景加载至Scenes In Build中

保存项目，单击"运行"按钮，3秒之后项目可由场景1转跳至场景2。至此，首页部分制作完毕。

▷▷▷ 4.3.2　制作二维码扫描识读部分

（1）打开场景 2，即 NO2，将 Hierarchy 面板中的主相机 Main Camera 删除，从“Start”→“QRcode”→“Perfab”中将 DeviceCamera 拖曳到 Hierarchy 面板中，在 Hierarchy 面板中新建 UI（与场景 1 相同），新建两个 Image：ScanFrameImage 和 Image，如图 4-19 所示。

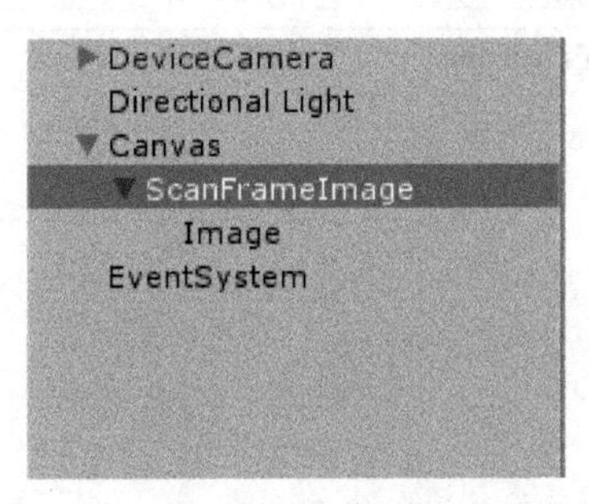

图 4-19　新建 UI

将“Start”→“QRcode”→“Texture”中的两个图片文件分别拖曳到 ScanFrameImage 和 Image 上，如图 4-20 所示。

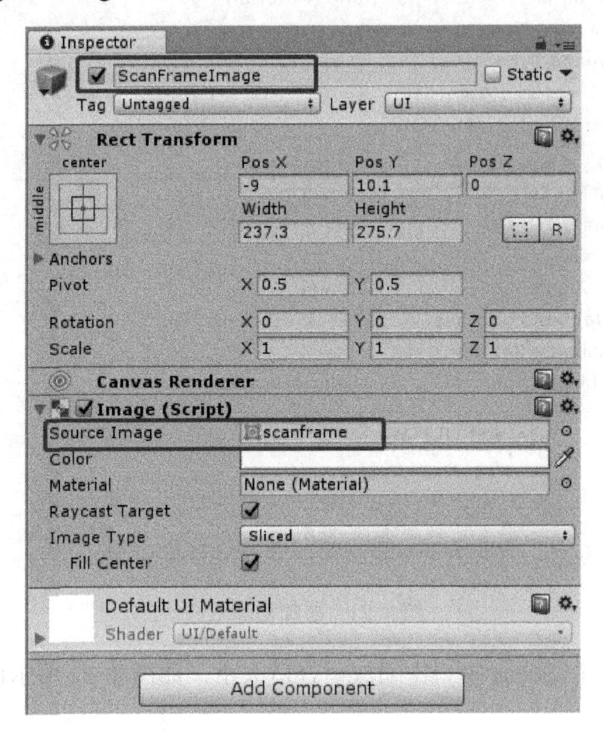

图 4-20　拖曳图片

在 Image 图像上添加 scanline 图片后，单击下拉菜单出现 Animation，再将“Start”→“QRcode”→“Animation”中的 ScanLine 拖曳至 Animation 组件的 Animation 选项框内，添加动画组件如图 4-21 所示。

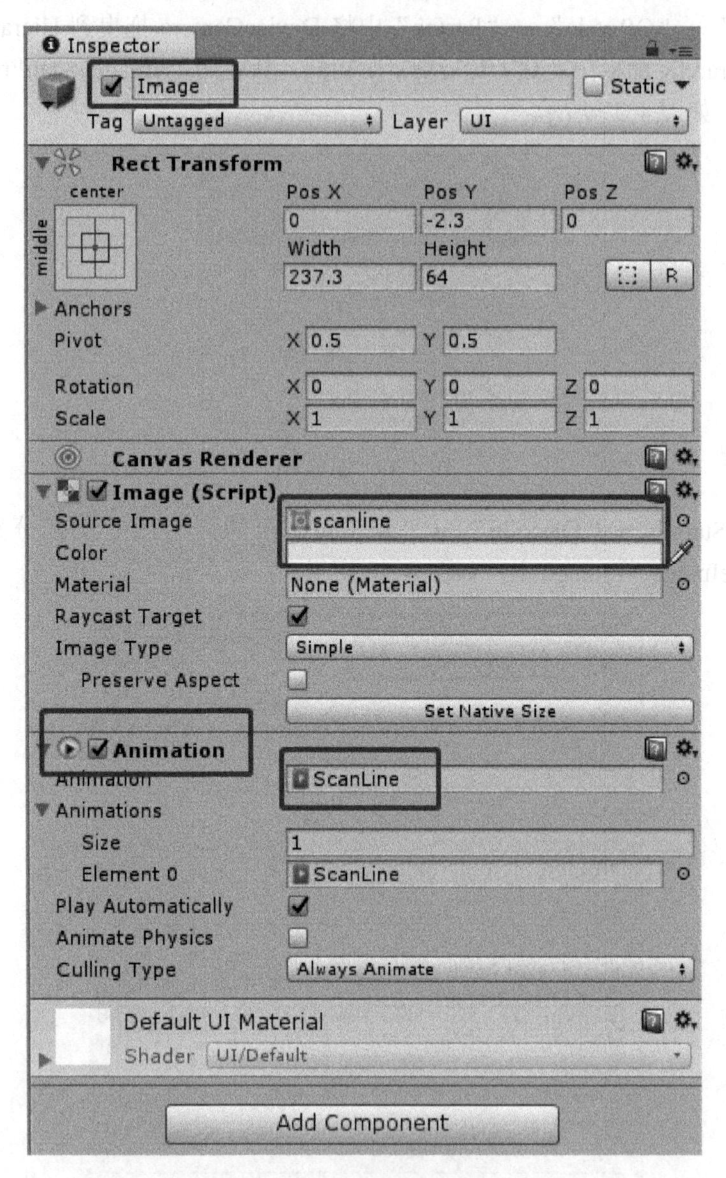

图 4-21　添加动画组件

将两张图片在 Scene 窗口中缩放至合适大小，如图 4-22 所示调整 UI 至合适大小。

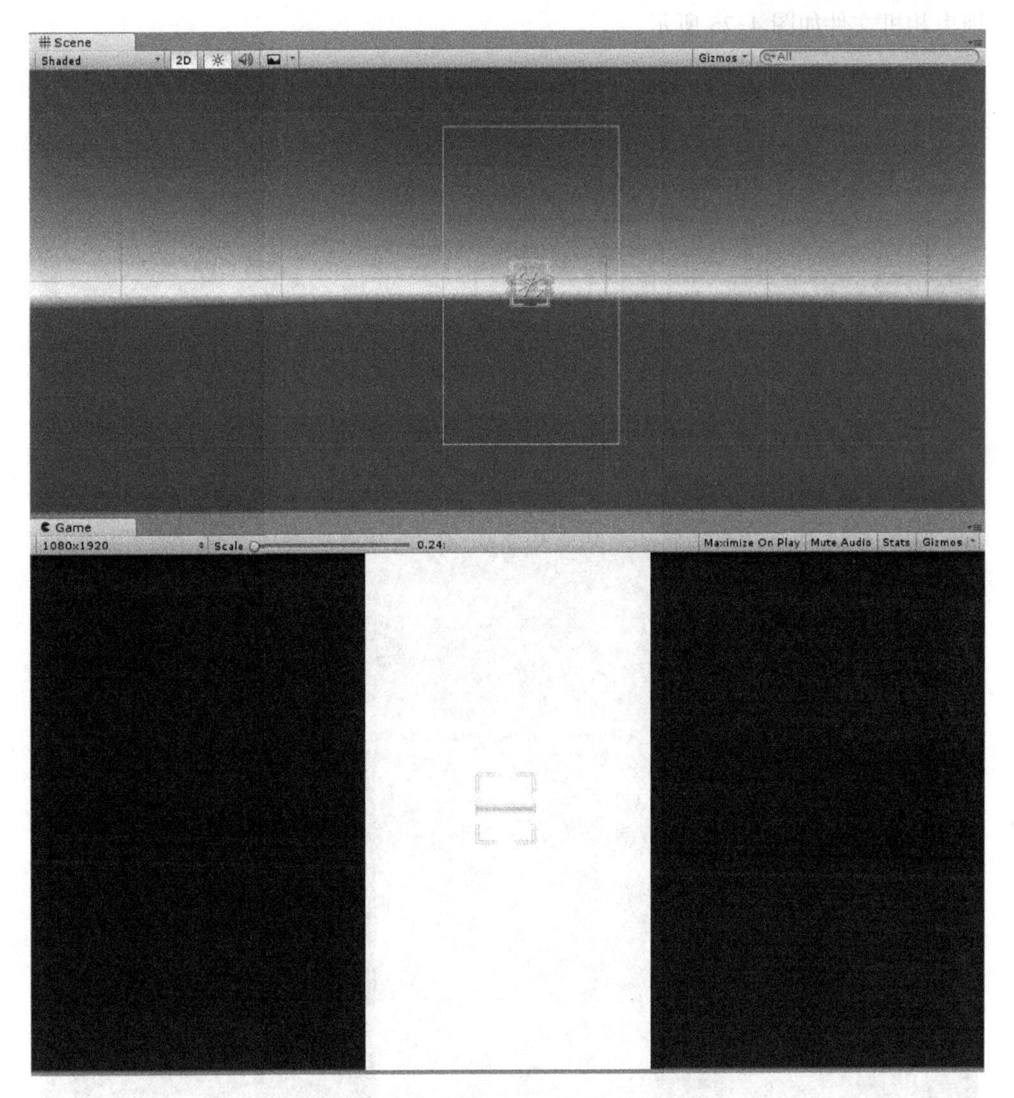

图 4-22　调整UI至合适大小

单击“播放”按钮，可以看到扫描的动画效果。“播放”按钮如图 4-23 所示，播放页面图 4-24 所示。

图 4-23　“播放”按钮

（2）从“Start”→“QRcode”→“Perfab”中将 QRController 拖曳到 Hierarchy 面板上，再将相机文件 DeviceCamera 拖曳到其对应的 Inspector 面板中相应位置。

拖曳相机文件如图 4-25 所示。

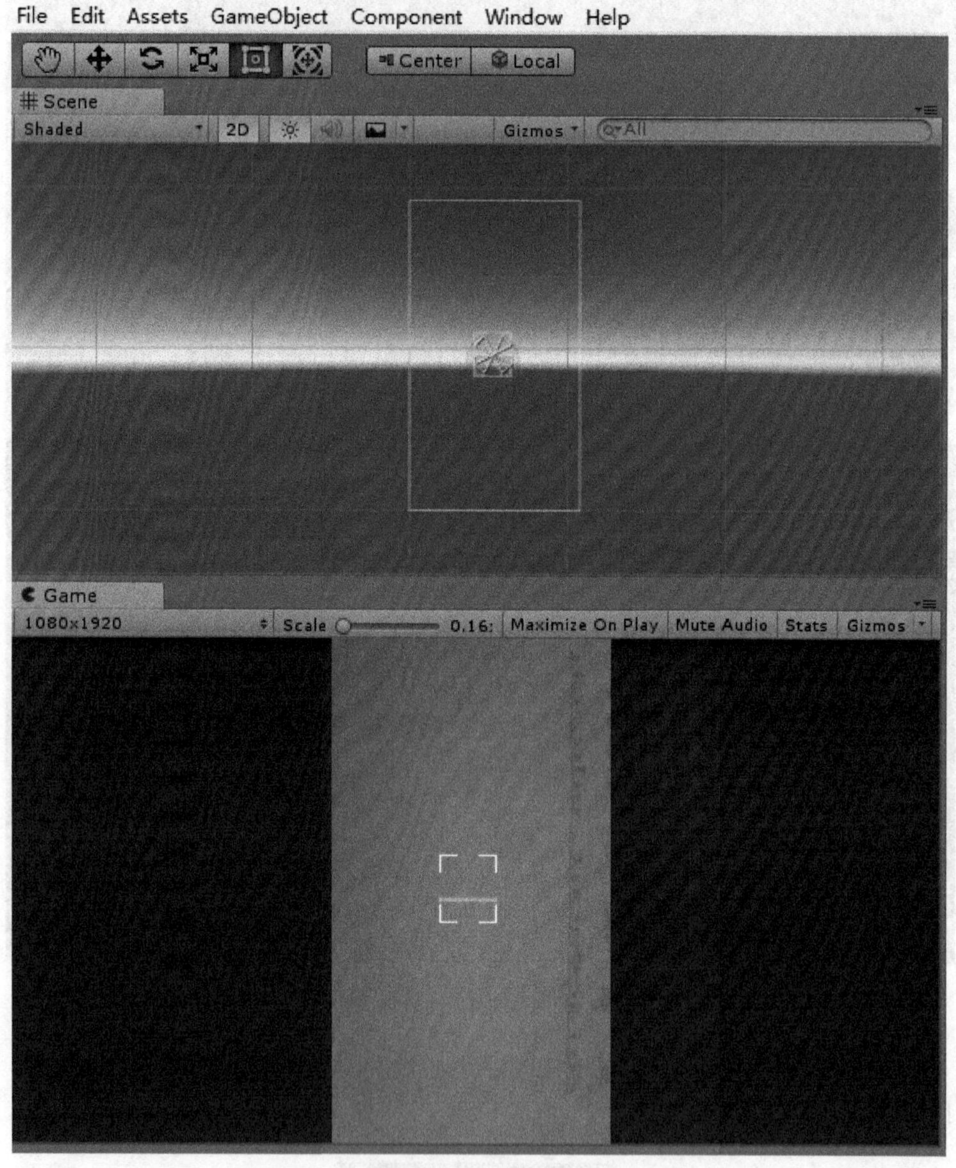

图 4-24 播放页面

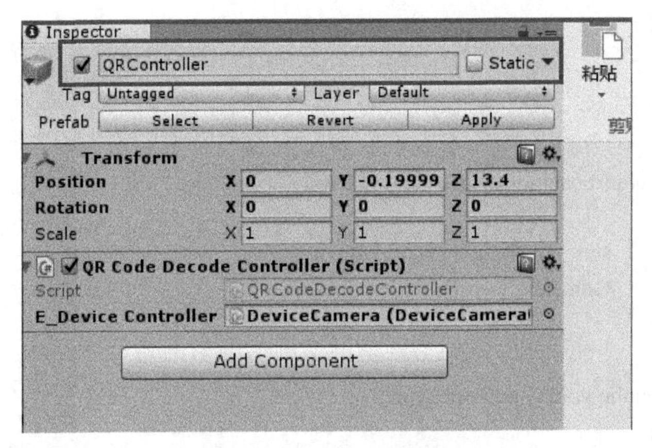

图 4-25　拖曳相机文件

（3）在 Hierarchy 面板中新建空物体用以存放脚本文件，在 MyScripts 中新建 c#脚本文件 Switch2.cs，在 MyScences 中新建场景 NO3，保存项目。具体脚本代码如下。

```
//Switch2.cs

usingSystem.Collections;
usingSystem.Collections.Generic;
usingUnityEngine;
usingUnityEngine.SceneManagement;
usingUnityEngine.UI;

public class Switch2 : MonoBehaviour
{
    public static string str;                    //定义一个公共变量字符串
    public QRCodeDecodeControllere_qrController;
                                                 //定义一个 QRCodeDecodeController 变量

    // Use this for initialization
    void Start()
    {
        str = "";
        if (e_qrController != null)
        {
            e_qrController.e_QRScanFinished += qrScanFinished;
        }
    }

    // Update is called once per frame
    void Update()
```

```
        {

        }

        voidqrScanFinished(string dataText)
        {
            str = dataText;
            GotoNextScene();
        }

        public void GotoNextScene()
        {
            if (e_qrController != null)
            {
                e_qrController.StopWork();
            }
            SceneManager.LoadScene("NO3");
        }
    }
```

▷▷▷ 4.3.3　逻辑功能实现

（1）新建名为 Resources 的文件夹。

（2）从“Start”→“MyModels”中将文件 Model1 拖曳至 Hierarchy 面板中，新建 c#脚本文件 Take.cs，具体代码如下。

```
    usingSystem.Collections;
    usingSystem.Collections.Generic;
    usingUnityEngine;
    //using System.Collections;
    using System.IO;
    public class Take : MonoBehaviour
    {
        private Touch oldTouch1;                //上次触摸点 1（手指 1）
        private Touch oldTouch2;                //上次触摸点 2（手指 2）
        void Start()
        {

        }
        void Update()
        {
            //没有触摸
            if (Input.touchCount<= 0)
```

```
        {
            return;
        }
        //单点触摸，水平上下旋转
        if (1 == Input.touchCount)
        {
            Touch touch = Input.GetTouch(0);
            Vector2 deltaPos = touch.deltaPosition;
            transform.Rotate(Vector3.down * deltaPos.x, Space.World);
            transform.Rotate(Vector3.right * deltaPos.y, Space.World);
        }
        //多点触摸，放大缩小
        Touch newTouch1 = Input.GetTouch(0);
        Touch newTouch2 = Input.GetTouch(1);
        //触摸点 2 刚开始接触屏幕，只记录，不做处理
        if (newTouch2.phase == TouchPhase.Began)
        {
            oldTouch2 = newTouch2;
            oldTouch1 = newTouch1;
            return;
        }
        //计算之前的两点间距离和新的两点间距离，变大要放大模型，变小要缩放模型
        floatoldDistance = Vector2.Distance(oldTouch1.position, oldTouch2.position);
        floatnewDistance = Vector2.Distance(newTouch1.position, newTouch2.
position);
        //两点间距离之差，为正表示放大手势， 为负表示缩小手势
        float offset = newDistance - oldDistance;
        //放大因子，1 像素按 0.01 倍计算（100 可调整）
        floatscaleFactor = offset / 100f;
        Vector3 localScale = transform.localScale;
        Vector3 scale = new Vector3(localScale.x + scaleFactor,
                                    localScale.y + scaleFactor,
                                    localScale.z + scaleFactor);
        //最小缩小到 0.3 倍
        if (scale.x> 0.3f &&scale.y> 0.3f &&scale.z> 0.3f)
        {
            transform.localScale = scale;
        }
        //记住最新的触摸点，下次使用
        oldTouch1 = newTouch1;
        oldTouch2 = newTouch2;
    }
}
```

（3）将c#脚本文件绑定在Model1上，再将Model1拖曳至Resources文件夹中，将Hierarchy面板中的Model1删除。新建c#脚本文件View.cs，代码如下。

```
usingSystem.Collections;
usingSystem.Collections.Generic;
usingUnityEngine;
public class View : MonoBehaviour {
    // Use this for initialization
    void Start () {
        Instantiate(Resources.Load(Switch2.str, typeof(GameObject)));
    //加载Resources文件夹中的模型
    }
    // Update is called once per frame
    void Update () {
    }
}
```

（4）在Hierarchy面板中新建空物体，命名为Scripts，将三个场景中的空物体都改名为Scripts，将脚本文件View.cs拖曳至空物体Scripts上。

（5）在浏览器中搜索草料二维码生成器。在页面左侧框中输入Model1，单击“生成二维码”，下载到计算机上，如图4-26所示。

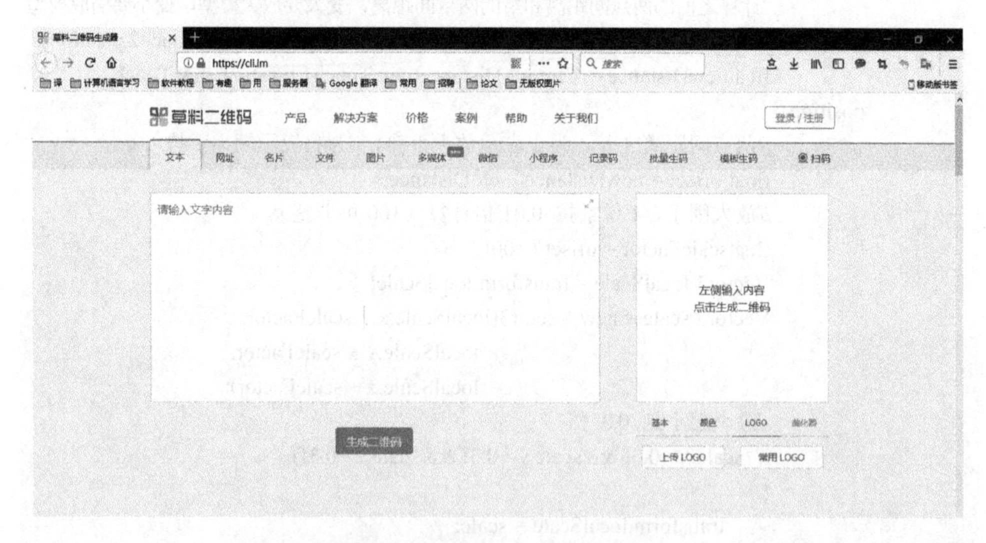

图4-26　搜索草料二维码生成器

（6）将上述二维码发送到手机上，双击场景NO1；单击“播放”按钮；将二维码放置到计算机摄像头前；可以看到计算机屏幕上出现如图4-27所示的模型画面。

（7）上述操作只能完成一次扫描且无法返回，要解决这一问题需增加一个“返回”功能键，使其能实现多次扫描功能。

图 4-27　模型画面

因此，在场景 3 中新建 UI。新建“返回”按钮，如图 4-28 所示。

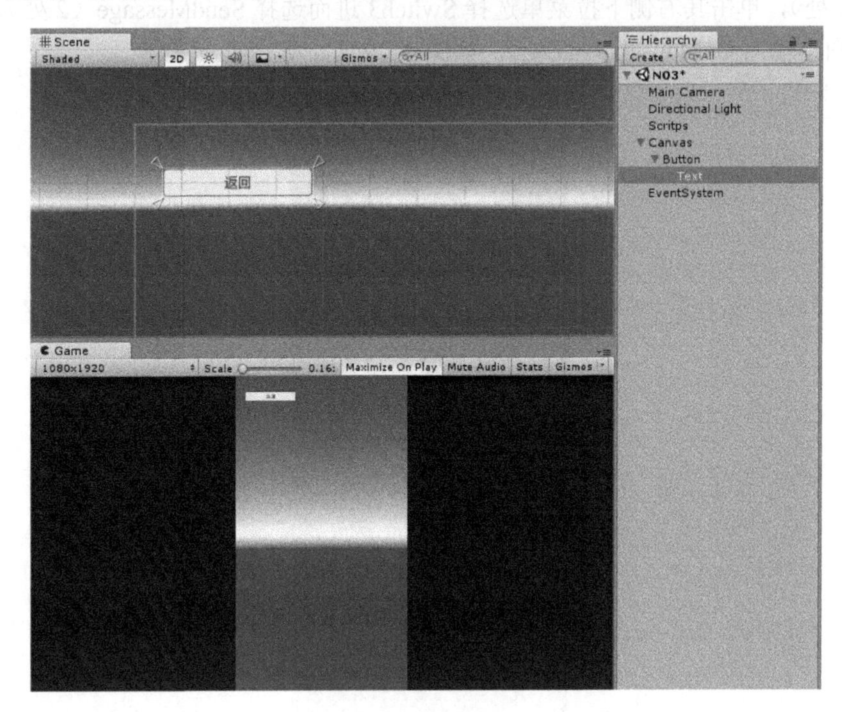

图 4-28　新建“返回”按钮

编写脚本文件 Switch3.cs，代码如下。

```
usingSystem.Collections;
usingSystem.Collections.Generic;
usingUnityEngine;
usingUnityEngine.SceneManagement;
usingUnityEngine.UI;

public class Switch3 : MonoBehaviour
{
    void OnMouseUp()                           //鼠标单击时调用，触发按钮事件
    {
        Invoke("Jump", 0.5F);                  //0.5 秒，调用 jump 方法
    }
    void Jump()
    {
        //Application.LoadLevel("NO1");   // "loading"是所要跳转的目标场景名称
        SceneManager.LoadScene("NO2");
    }
}
```

将脚本文件Switch3.cs绑定到按钮Button上，并将按钮Button拖曳至On Click上（1 处），单击其右侧下拉菜单选择 Switch3 进而选择 SendMessage（2 处），再在空白框输入 OnMouseUp（3 处），如图 4-29 所示绑定脚本文件。

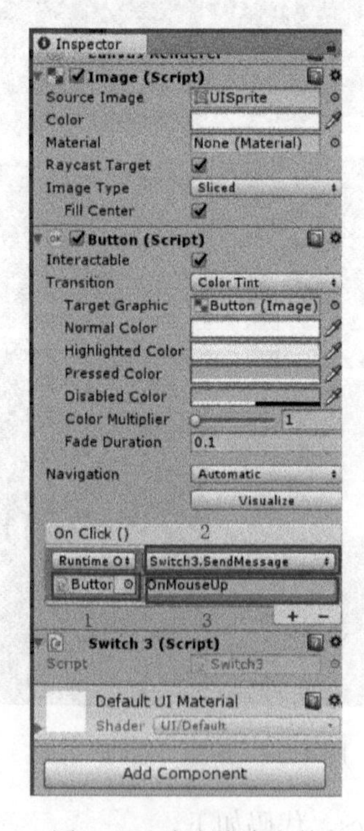

图 4-29　绑定脚本文件

保存项目，测试运行无问题后，单击“File”→“BuildingSetting”→“Build”，出现如图 4-30 所示输出.apk 文件界面，选择保存地址并命名，发送到手机上安装即可。

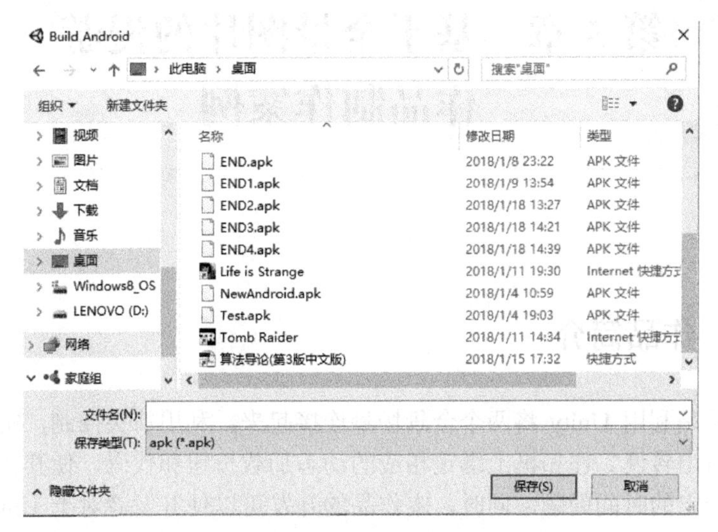

图 4-30　输出.apk 文件界面

在手机上打开运行后，出现如图 4-31 所示的成品界面。

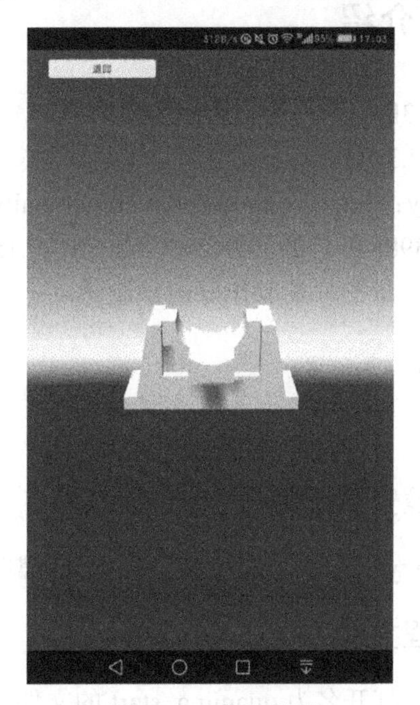

图 4-31　成品界面

至此，作品制作完毕。

第 5 章　基于全景图片的漫游作品制作案例

5.1　作品简介

本作品是利用 Unity 将两个全景场景连接起来，利用箭头控制，实现两个全景场景的自由转换。在相机上绑定相应的动态加载按钮和代码，使其在跳转场景过程中有一定的时间间隔。同时，本作品的开发可以使开发者对于 Unity 新版本中的 UI 功能有更多的了解。

5.2　开发环境介绍

- 开发环境：Unity3D。
- 版本：Unity 2017.3.1f1。
- 下载地址：unity：https://unity3d.com/cn/get-unity/download/archive?_ga=2.128253066.72398840.1529897639-1968088170.1520318895。

Start 文件中包含了全景图片及制作好的预制体。

5.3　实现过程

5.3.1　开发环境安装说明

在计算机上安装 Unity 开发引擎（安装过程中选择默认选项）。

5.3.2　新建工程文件

打开 Unity3D 软件，打开名为 quanjing_start 的文件。

▷▷▷ 5.3.3　制作全景球

（1）在资源文件夹 Assets 中将 VRSphere 文件拖曳至 Hierarchy 面板中 quanjing 场景下，如图 5-1 所示。

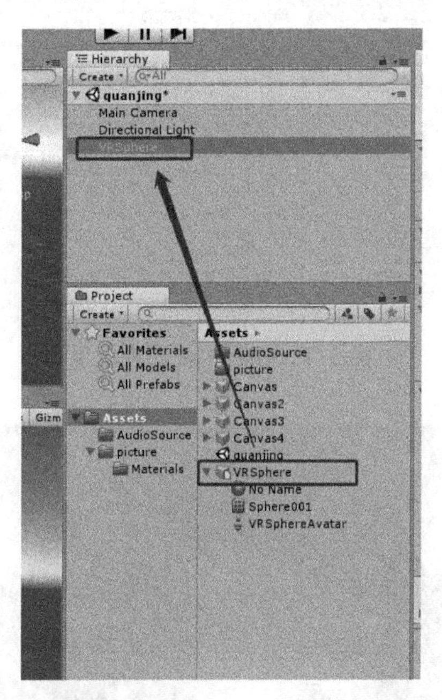

图 5-1　VRSphere 文件拖曳

（2）将“Assets”→“picture”文件夹中的图片“1”拖曳至 Hierarchy 面板中 VRSphere 文件上，如图 5-2 所示。

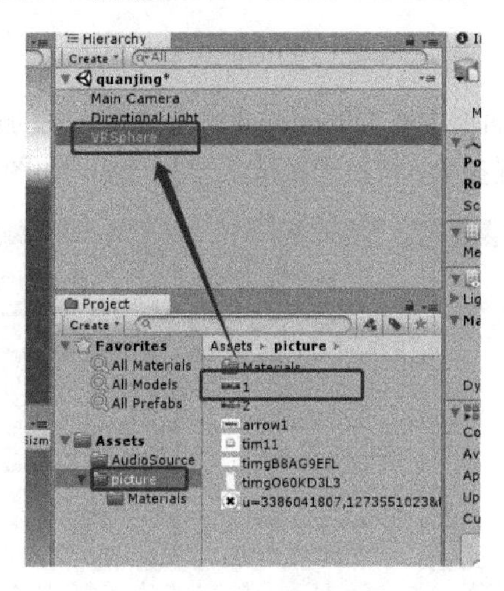

图 5-2　图片拖曳

（3）将 VRSphere 对应的 Inspector 面板中 Rotation 参数（X、Y、Z）设置为（-90, -71.64, 0），Scale 参数（X、Y、Z）设置为（-1，1，1）。VRSphere 属性设置如图 5-3 所示，VRSphere 效果图如图 5-4 所示。

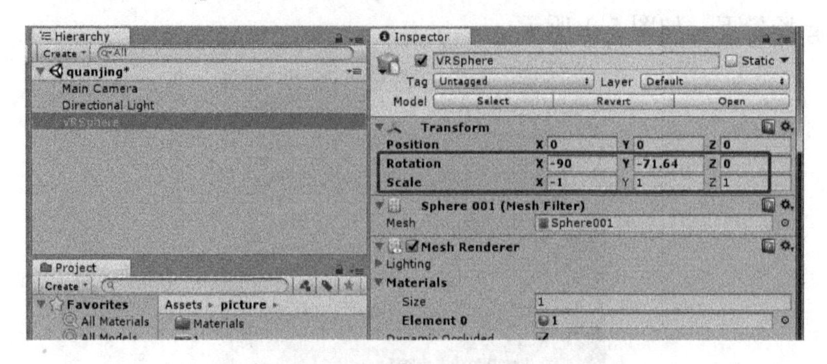

图 5-3　VRSphere 属性设置

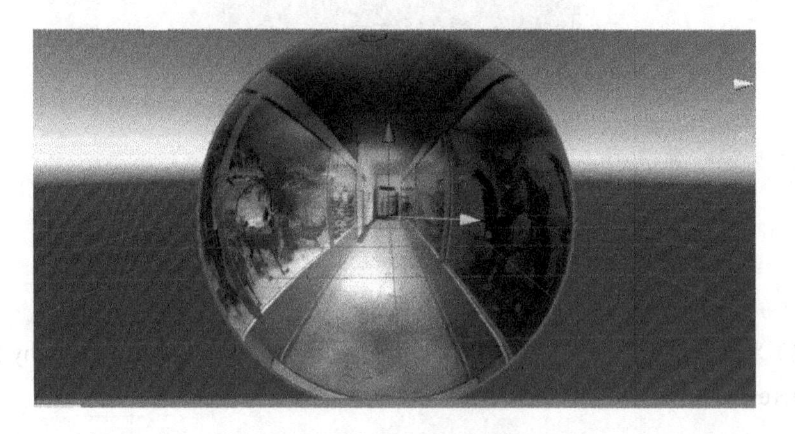

图 5-4　VRSphere 效果图

（4）在 Hierarchy 面板中将 Directional Light 删除，添加 Point light（点光源），调整 Point Light 的位置参数，将点光源放入全景球中，如图 5-5 所示创建点光源。

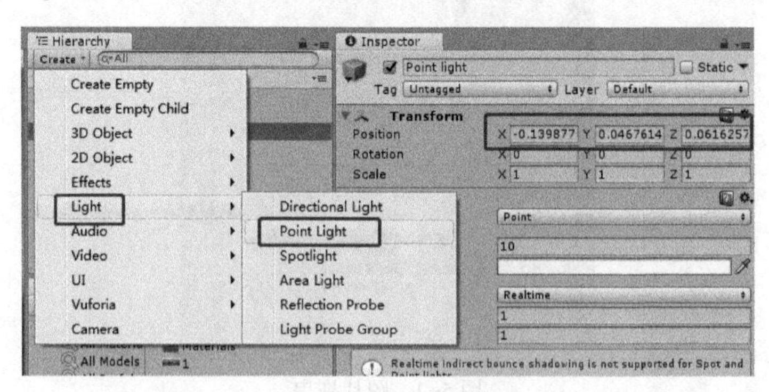

图 5-5　创建点光源

▷▷▷ 5.3.4　制作全景场景转换效果

（1）将 Assets 文件夹中的 Canvas 文件拖曳至 VRSphere 下并命名为 Canvas1。如图 5-6 所示创建 Canvas1。

（2）在 Canvas1 对应的 Inspector 面板中设置 Canvas1 的属性参数，如图 5-7 所示。此时，在场景中就会显示出切换场景时箭头所显示的位置。

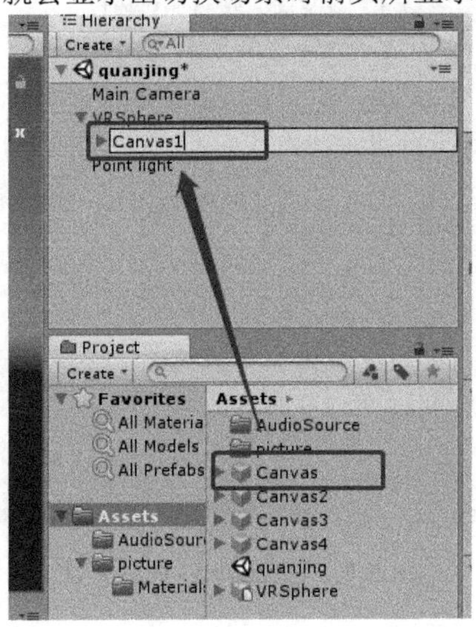

图 5-6　创建 Canvas1

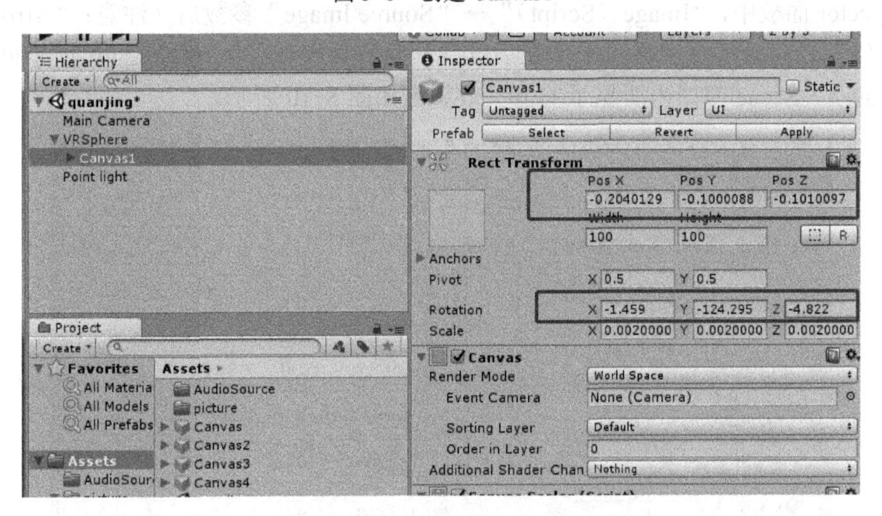

图 5-7　设置 Canvas1 的属性参数

（3）更改“Assets”→“picture”文件夹中的 arrow1 图片类型，将其更改为“Sprite（2D and UI）”（精灵图片），如图 5-8 所示。

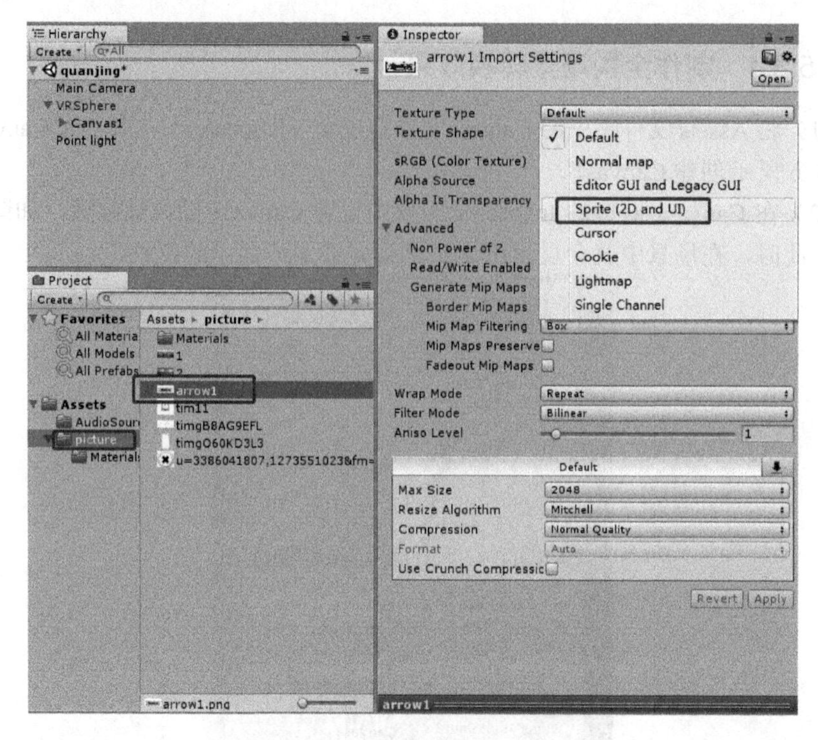

图 5-8　更改 arrow1 图片类型

（4）将“arrow1”拖曳至“VRSphere”→“Canvas1”→“Arrow 1”对应的 Inspector 面板中，“Image（Script）”→“Source Image”参数后（注意：“Arrow”和“1”之间必须有空格，不然在后续代码运行时会出错），如图 5-9 所示创建 Arrow 1。Scene 窗口内所显示的箭头效果图如图 5-10 所示。

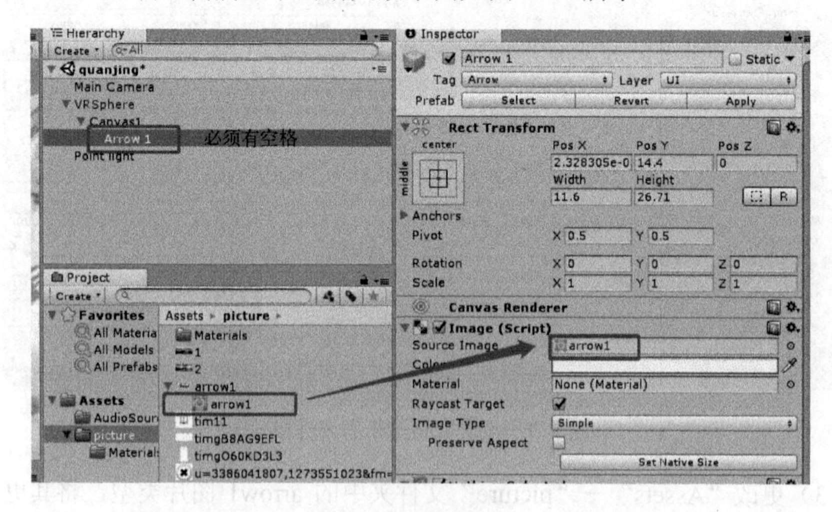

图 5-9　创建 Arrow 1

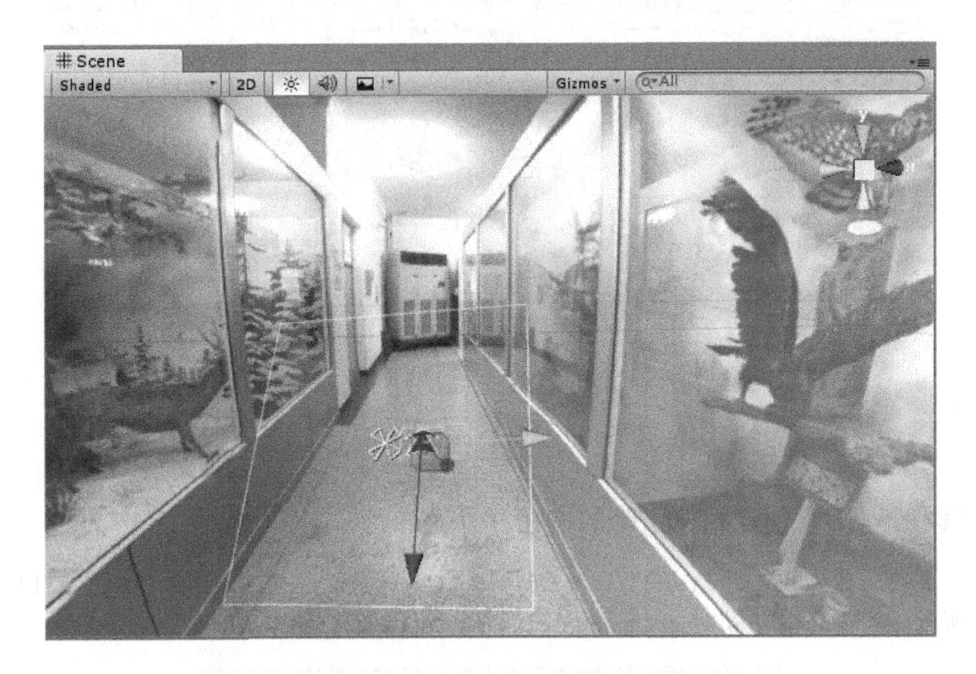

图 5-10　箭头效果图

5.3.5　添加全景球内的相机

创建一个空物体，命名为 GameObjectIncludeCamera，将 Main Camera 拖曳至 GameObjectIncludeCamera 下，在 Inspector 面板中设置 GameObjectIncludeCamera 属性，如图 5-11 所示，Main Camera 属性面板如图 5-12 所示。

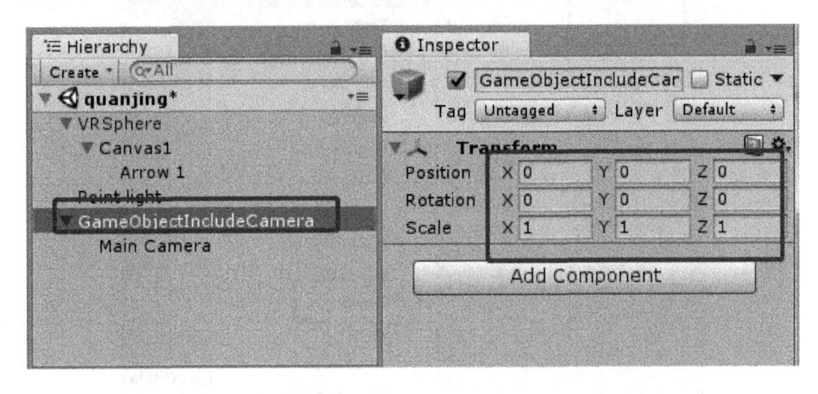

图 5-11　设置 GameObjectIncludeCamera 属性

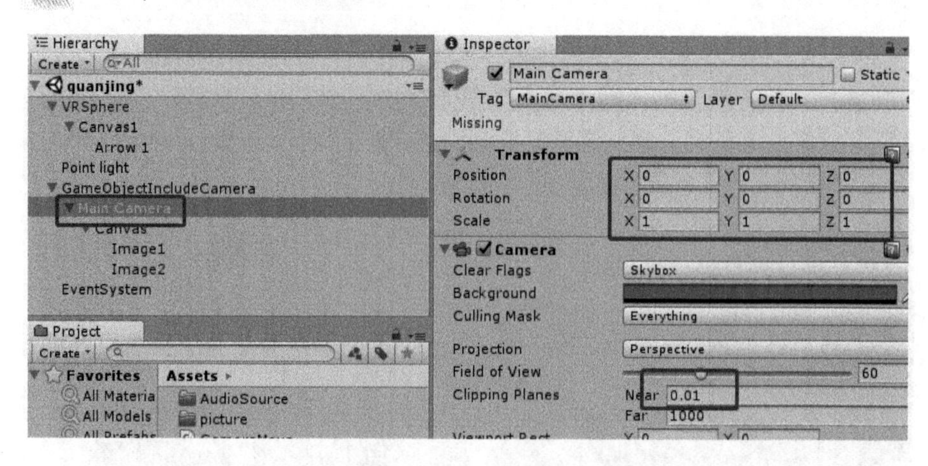

图 5-12 Main Camera 属性面板

▷▷▷ 5.3.6 创建相机所带的按钮

（1）依次单击“Create”→“UI”→“Canvas”，创建 Canvas，如图 5-13 所示，并将其拖曳至 Main Camera 下。

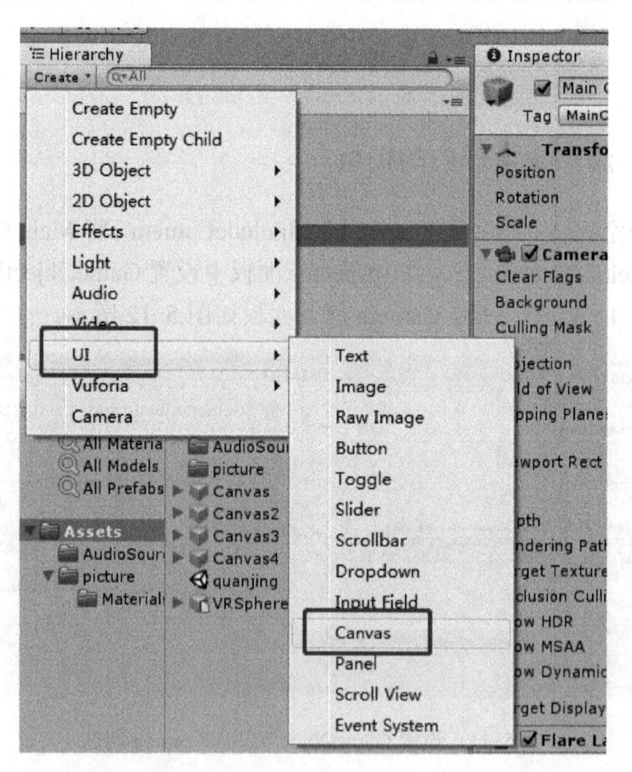

图 5-13 创建 Canvas

（2）更改 Canvas 坐标类型为“World Space（世界坐标）”，如图 5-14 所示。

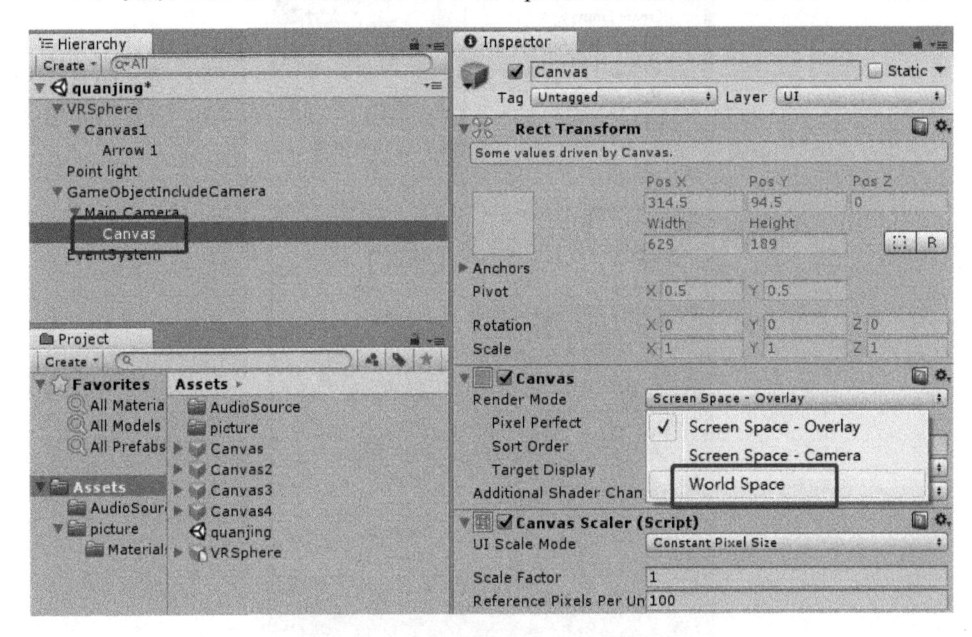

图 5-14　更改 Canvas 坐标类型

（3）在 Inspector 面板中设置 Canvas 参数，如图 5-15 所示。

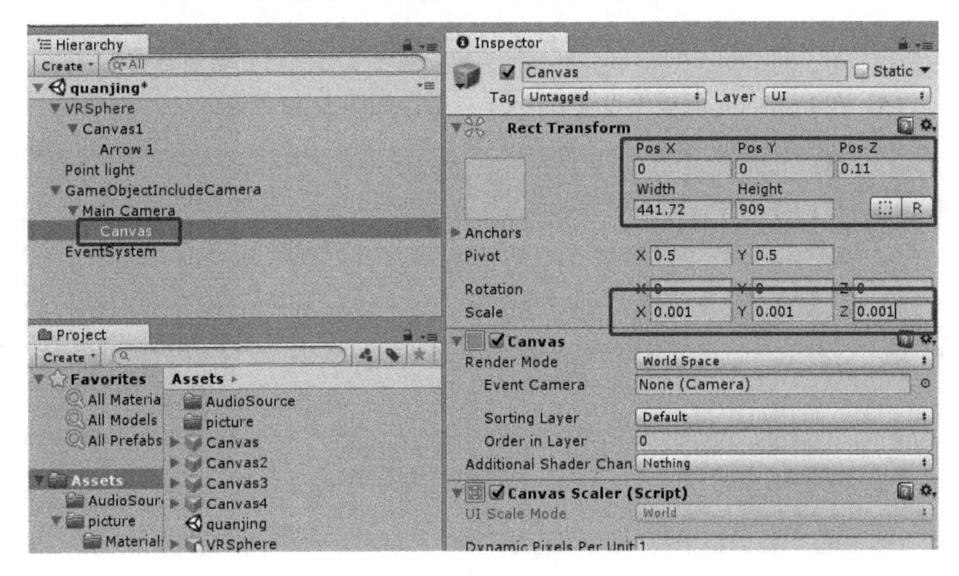

图 5-15　设置 Canvas 参数

（4）依次单击“Create”→“UI”→“Image”，在 Canvas 下创建 Image，如图 5-16 所示，重命名为 Image1。

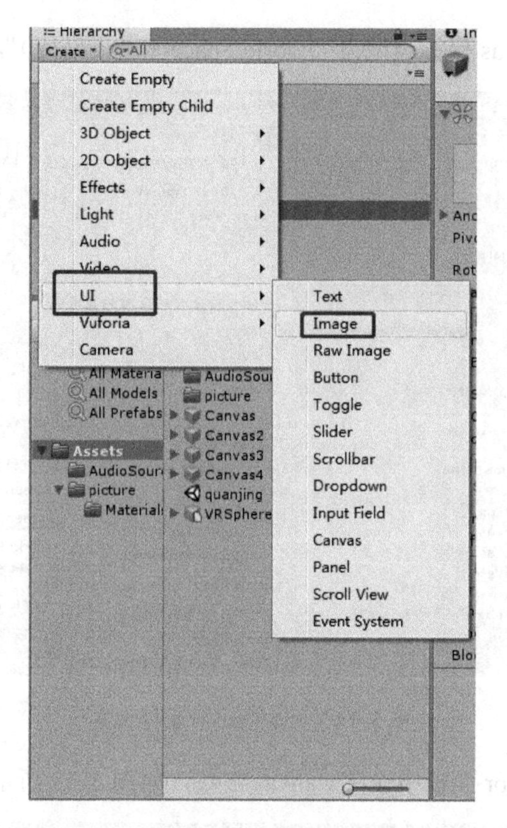

图 5-16 创建 Image

（5）在 Inspector 面板中设置 Image1 参数，如图 5-17 所示。

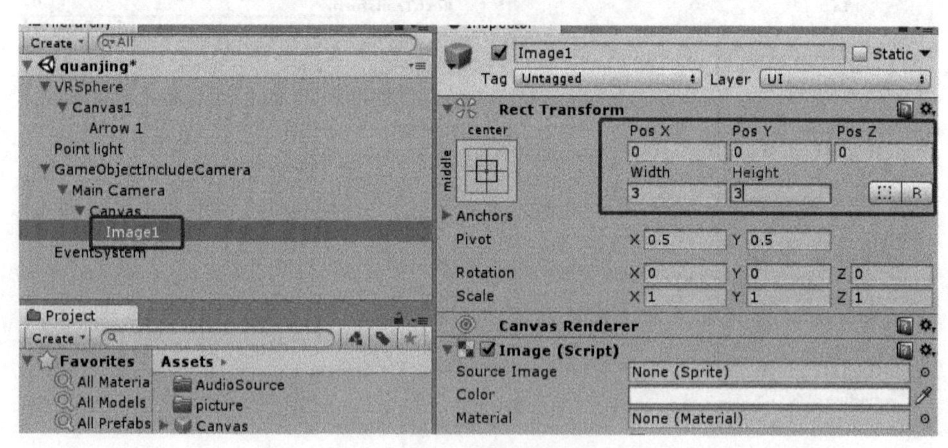

图 5-17 Image1 参数设置

（6）复制一个 Image，重命名为 Image2，修改其参数大小，Hex Color 参数值为 FF0873FF。Image2 属性面板如图 5-18 所示。

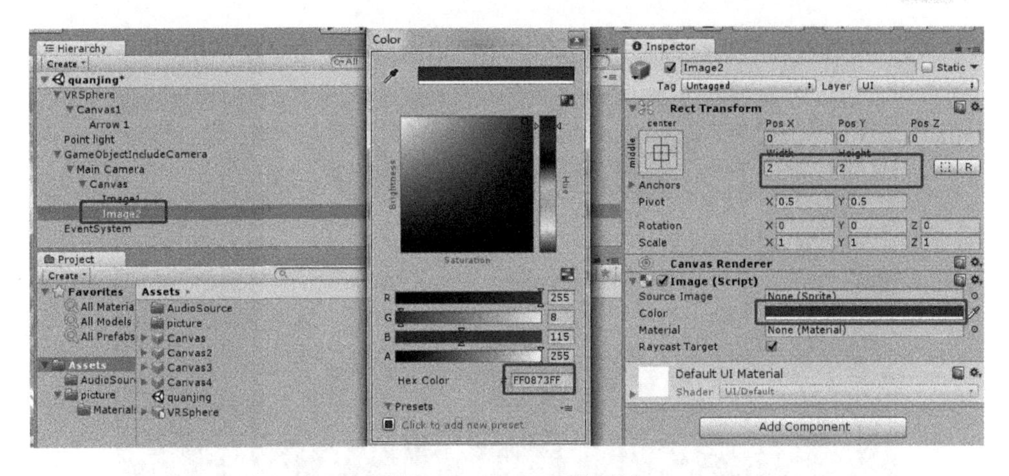

图 5-18　Image2 属性面板

（7）将 Image1 和 Image2 对应的 Inspector 面板中的 Source Image 参数选为 Knob。如图 5-19 所示完成 Source Image 参数选择。

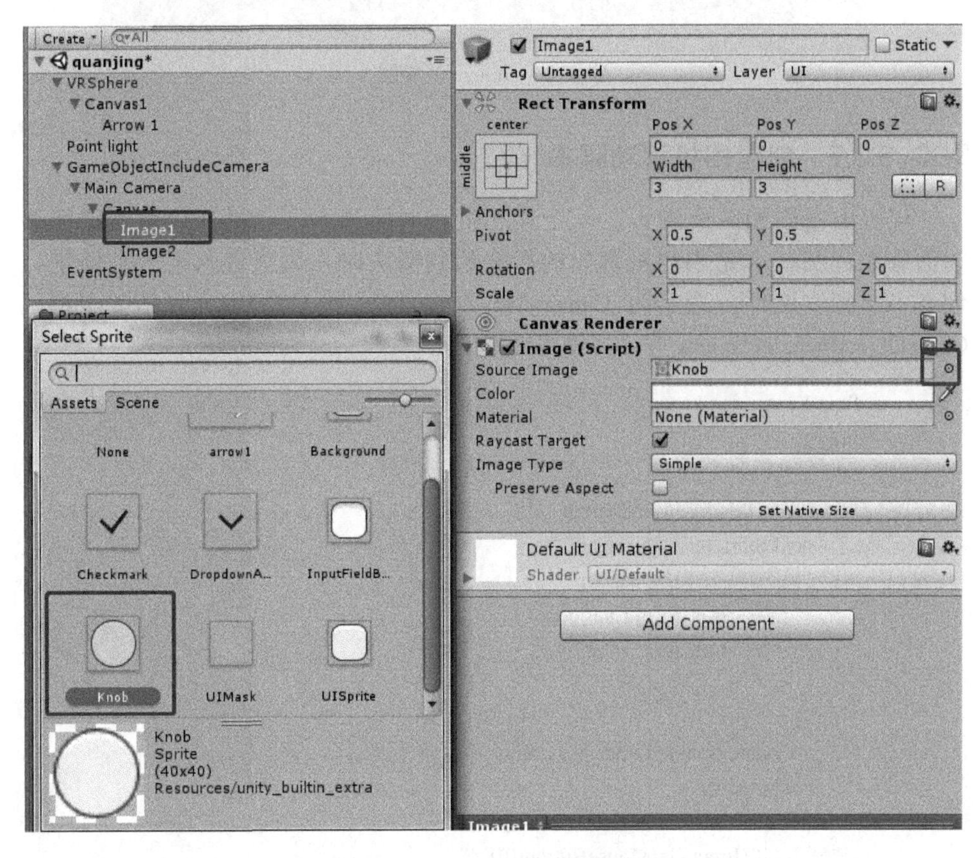

图 5-19　Source Image 参数选择

（8）相机触碰的小红点如图 5-20 所示，该图展示了 Image 效果图。

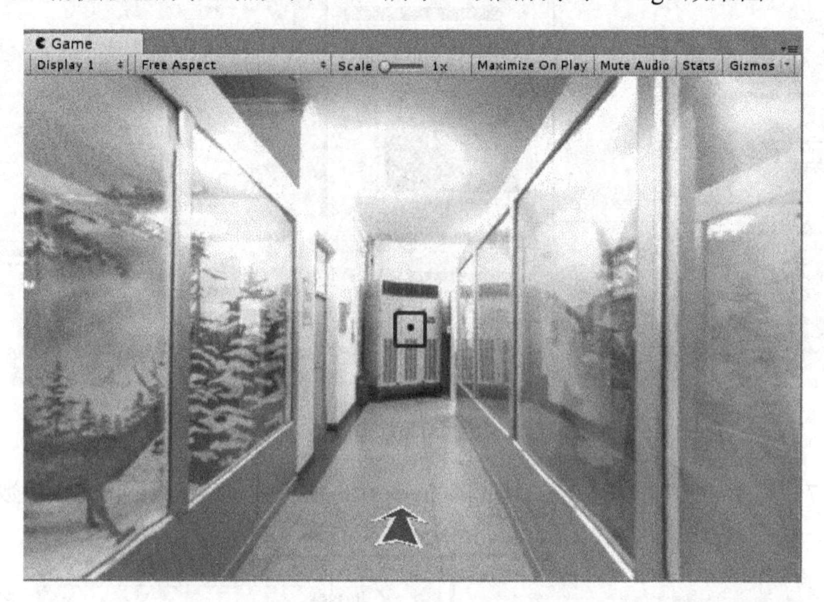

图 5-20　Image 效果图

▷▷▷ 5.3.7　创建相机移动脚本

相机中需添加两个脚本，一个是相机移动的脚本，相机视口可随鼠标移动而移动；另一个是当相机绑定的按钮遇到箭头时，碰撞进入下一个场景。创建 C#脚本文件，命名为 CameraMove.cs，将这个 C#脚本文件拖曳至相机 GameObjectIncludeCamera 下，具体代码如下。

```
    float X;
    float Y;

        // Use this for initialization
        void Start()
        {
            X = transform.rotation.x;
            Y = transform.rotation.y;
        }

        // Update is called once per frame
        void Update()
        {
            if (Input.GetMouseButton(0))
            {
```

```
            float x = Input.GetAxis("Mouse X");
            float y = Input.GetAxis("Mouse Y");

            X += y;
            Y += x;

            transform.rotation = Quaternion.Euler(-X, Y, 0);
        }
    }
```

5.3.8　创建第二个场景

（1）复制制作好的 quanjing 场景，并重命名为 quanjing1，作为第二个全景图场景。

（2）将“Assets”→“picture”文件夹中的图片“2”拖曳至 VRSphere 上，如图 5-21 所示。

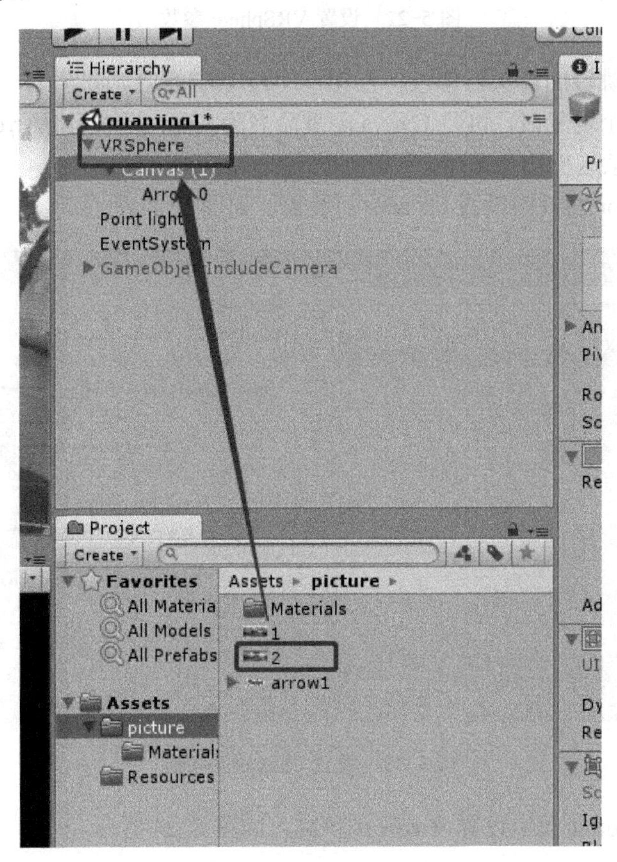

图 5-21　图片拖曳

（3）在 Inspector 面板中设置 VRSphere 参数，如图 5-22 所示。

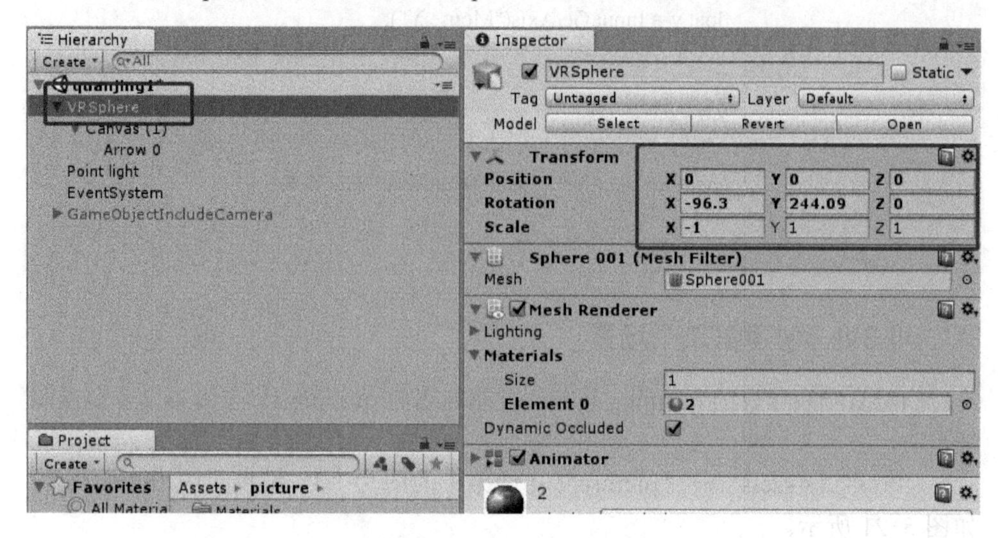

图 5-22　设置 VRSphere 参数

（4）场景跳转的箭头需修改，在第二个场景中需要返回至上一个场景，当不需要跳入下一个场景时，可将 Canvas1 重命名为 Canvas(1)，将 Arrow 1 重命名为 Arrow 0。（注意这里的“Arrow”与“0”之间必须有空格。）

在 Inspector 面板中设置 Canvas(1)参数，如图 5-23 所示。

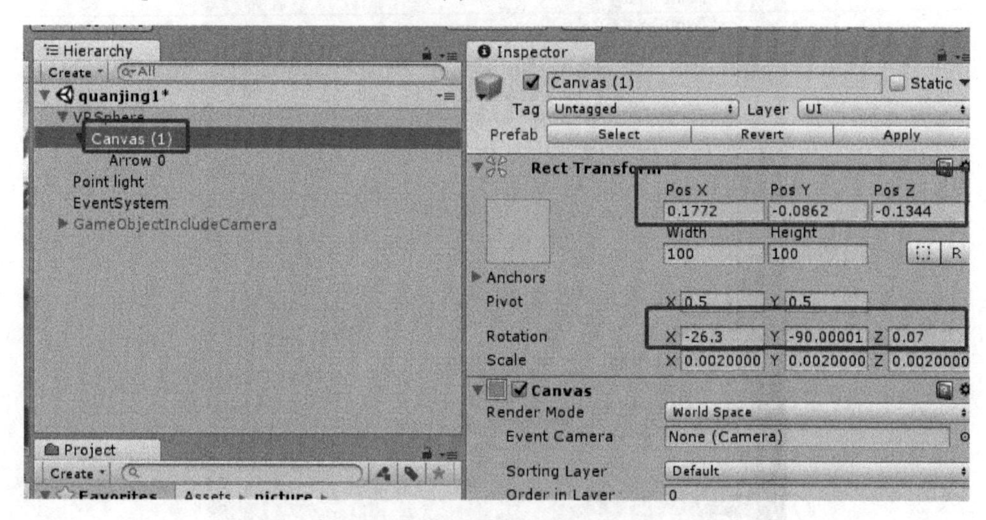

图 5-23　设置 Canvas(1)参数

在 Inspector 面板中设置 Arrow 0 参数，如图 5-24 所示。

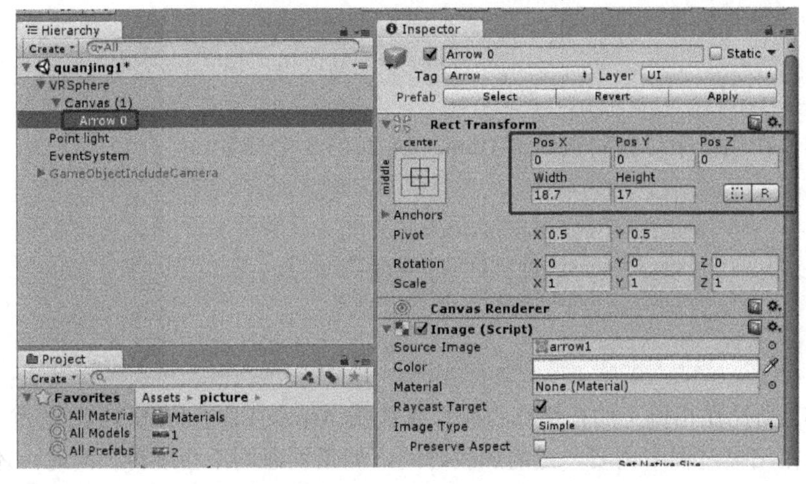

图 5-24　设置 Arrow 0 参数

▷▷▷ 5.3.9　创建事件触发脚本

（1）创建 C#脚本文件，并命名为 EventControl，作为事件触发脚本。首先，需要在顶部引用下面两行代码。

```
using UnityEngine.UI;
using UnityEngine.SceneManagement;
```

（2）在场景跳转代码中，首先要定义用到的变量。

```
public static bool isOpen;            //
    bool isGaze;
    GameObject image1;               /
    GameObject image2;
    GameObject image3;
    GameObject target;
    float timer;
    int index;
    List<Material> mats;
    GameObject button1;
    float openValue;
```

（3）在 start 前引入一个函数，实现在场景跳转时，相机保持原样。

```
private void Awake()
    {
        if (!isOpen)
        {
            DontDestroyOnLoad(gameObject);
            isOpen = true;
```

```
            }

        }
```

（4）在场景中寻找将被赋给 GameObject 的 3 个变量。

```
    void Start () {
            image1 = GameObject.Find("Image1");
            image2 = GameObject.Find("Image2");
            image3 = GameObject.Find("Arrow1");

    }
```

（5）当挂在相机上的扫描红点碰撞到箭头 Arrow 1 时，将跳转到下一个场景。同时，在扫描过程中需要一定的加载时间，如果误碰则不会跳转。同时，还在相机上引入了加载图片和加载动画的代码。

```
    void Update () {
        Ray ray = new Ray(image2.transform.position, image2.transform.forward);

            RaycastHit hit;

            if (Physics.Raycast(ray,out hit))
            {
                if (hit.transform.tag == "Arrow")
                {
                    string[] aa = hit.transform.name.Split(' ');
                    index = int.Parse(aa[aa.Length - 1]);

                    target = hit.transform.gameObject;
                    isGaze = true;
                    openValue = 1;
                }
            }

            else
            {
                timer = 0;
                isGaze = false;
            }
            if (isGaze)
            {
                timer += Time.deltaTime;
                if (timer > 1.51f)
                {

                    Debug.Log(index);
```

```
                    if (openValue==1)
                    {
                        SceneManager.LoadScene(index);
                        timer= 0;
                        openValue = 0;
                    }

                }
                else
                {
               image1.GetComponent<Image>().fillAmount = timer / 1.5f;
                }
            }
            else {
                timer = 0;

                image1.GetComponent<Image>().fillAmount = 0;
            }
        }
```

▷▷▷ 5.3.10　初步测试

（1）保存两个场景，在菜单栏中依次选择“File”→“Build Settings”，单击“Add Open Scenes”按钮添加两个场景（注意：两个场景的顺序不能乱），场景添加如图 5-25 所示。

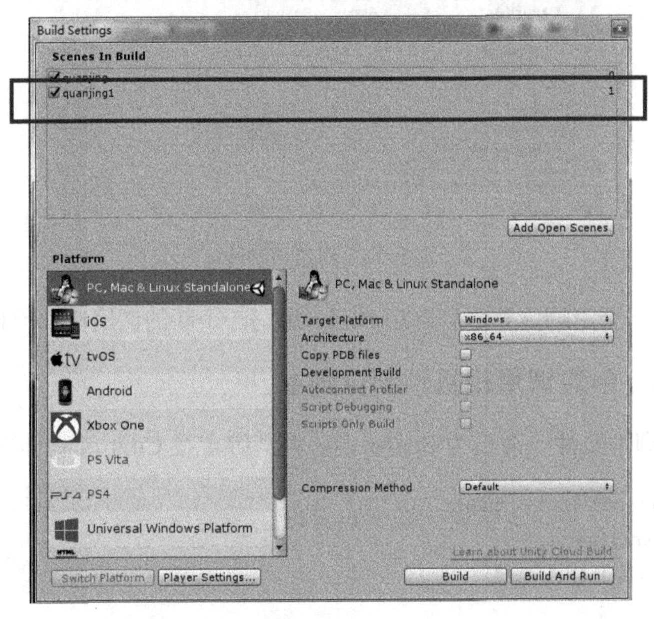

图 5-25　场景添加

（2）因为在脚本中有“转换场景，相机不会消失”功能的代码，所以在第一个场景中测试运行时，需将第二个场景中的相机关掉（第二个场景中的相机是为了方便在窗口直接看到创建的界面）。

在第一个场景中，单击“开始”按钮，按住鼠标左键，将相机绑定的小红点与地上的按钮触碰，加载完成后会发现，能够转入第二个场景。通过触碰“返回”按钮，回到第一个场景。如果再次触碰前进箭头则无法进入第二个场景（即无法二次扫描前进箭头），这说明出现了相机重复的问题，修改方式是将相机制作成预制体后再调用。

（3）在Assets文件夹中创建一个新的文件夹并命名为Resources。将相机拖曳至Resources文件夹中创建预制体，如图5-26所示。

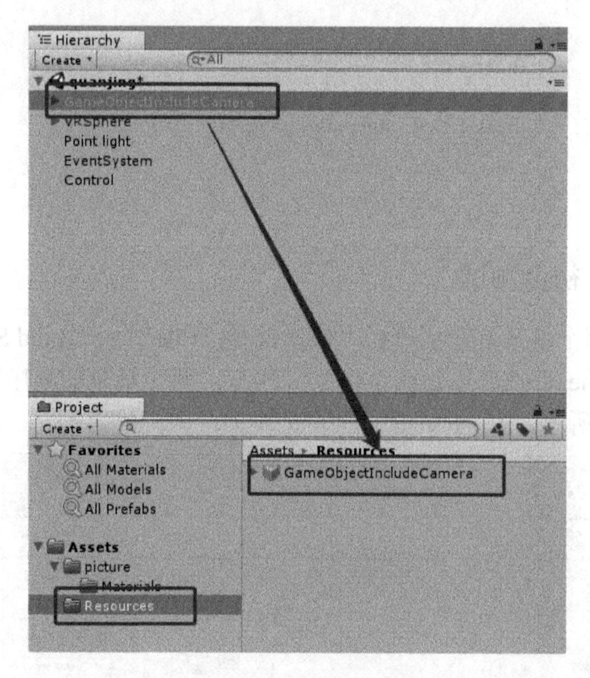

图5-26　创建预制体

（4）创建一个空物体并命名为Control，编写一个新的调用相机预制体的脚本。

▷▷▷ 5.3.11　创建调用相机预制体脚本

创建C#脚本文件，命名为Spawn.cs，将其绑定在Control物体下。

```
public static bool isOpen1;
    void Start () {
        if (!isOpen1)
        {
```

```
                Instantiate(Resources.Load("GameObjectIncludeCamera"));
                isOpen1 = true;
            }
        }
```

▷▷▷ 5.3.12　作品发布

将“quanjing”（即第一个场景）的相机关掉，再次进行测试，发现上次出现的不能第二次跳转到“quanjing1”（即第二个场景）的问题已经解决。全景图场景浏览功能制作完毕。至此，可将此全景图场景发布。

第 6 章　基于 Arduino 外设的体感游戏作品制作案例

▷▷ 6.1　作品简介

本作品将 Unity 与 Arduino 结合起来，通过 Arduino 来模拟钢琴琴键的操作。当前，Unity 与 Arduino 结合的游戏不算太多，本作品采用最简单的结合方式，使初学者能很快地掌握 Unity 的基本结构和开发流程。

▷▷ 6.2　开发环境介绍

- 开发环境：Unity3D，Arduino。
- 版本：Unity 2017.3.1f1，Arduino 最新版本。
- 下载地址：

  Unity：https://unity3d.com/cn/get-unity/download/archive?_ga=2.128253066.72398 840.1529897639-1968088170.1520318895。

  Arduino：https://www.arduino.cn/。

Start 文件中包含了钢琴的 UI 图片。

本项目需要提前购置一些硬件装置，包括 Arduino Leonard（如图 6-1 所示）、MB-102 面包板（如图 6-2 所示）、面包线及按键。

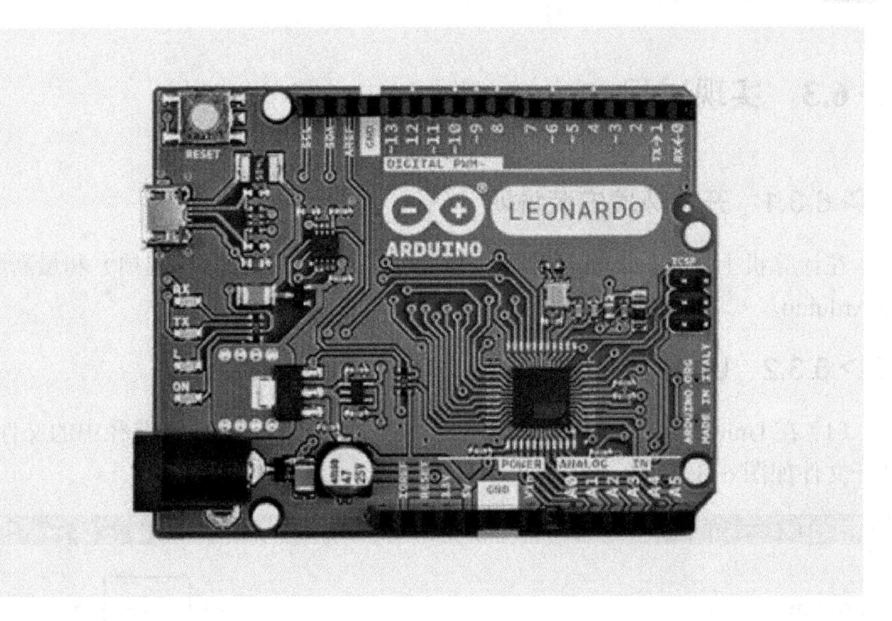

图 6-1　Arduino Leonardo

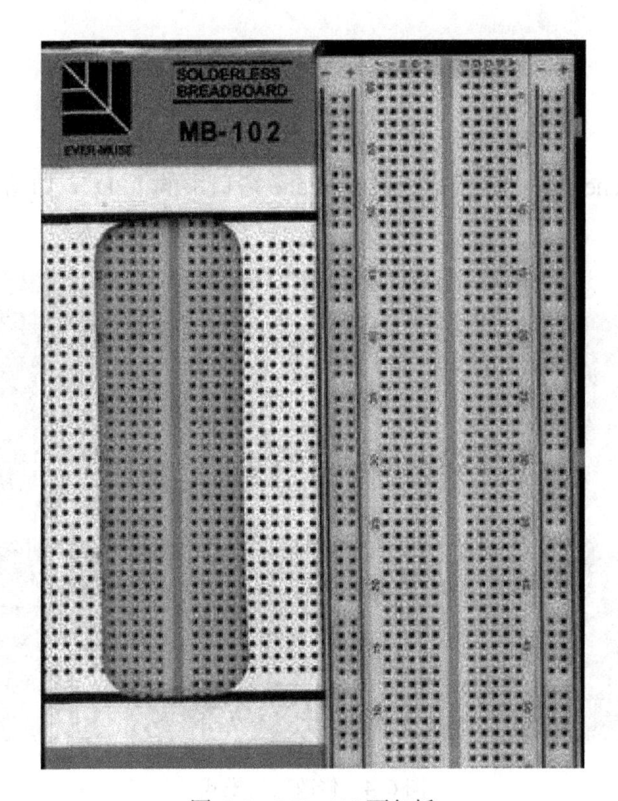

图 6-2　MB-102 面包板

6.3 实现过程

6.3.1 开发环境安装说明

在计算机上安装好 Unity 开发引擎（安装过程中选择默认选项）和最新版本的 Arduino。

6.3.2 Unity 部分设置

（1）在 Unity 中打开 arduino_start 文件：单击“Open”，找到路径中的文件夹，打开文件如图 6-3 所示。

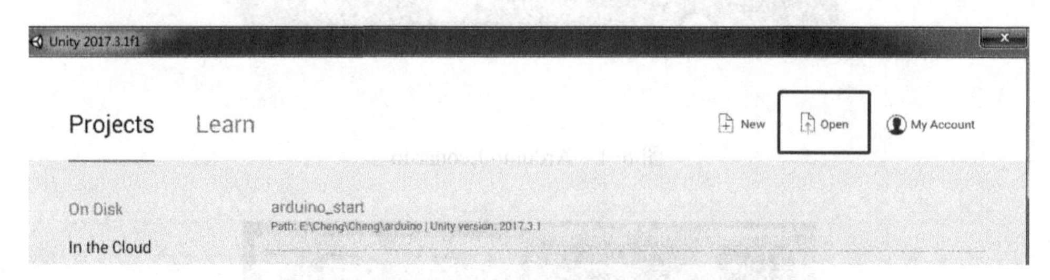

图 6-3 打开文件

（2）将 Scene 改成 2D 模式：单击 Scene 窗口中的“2D”，如图 6-4 所示修改窗口模式。

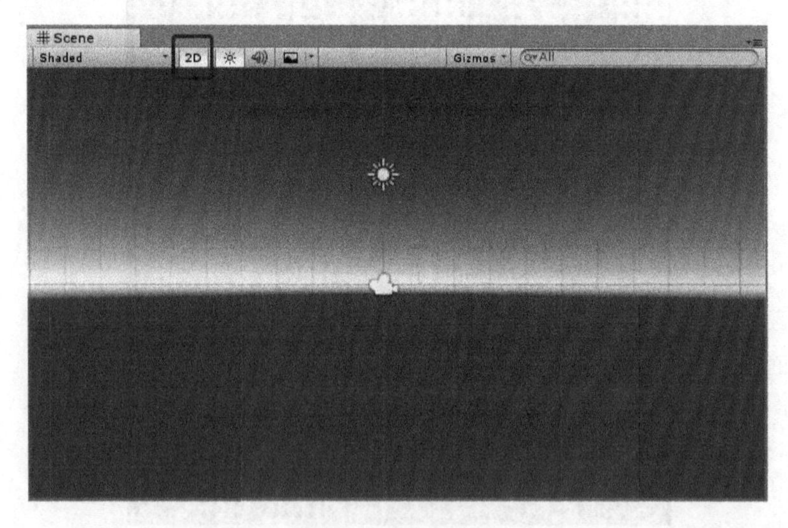

图 6-4 修改窗口模式

（3）在场景中创建 Plane，并命名为 BG，如图 6-5 所示创建 Plane。

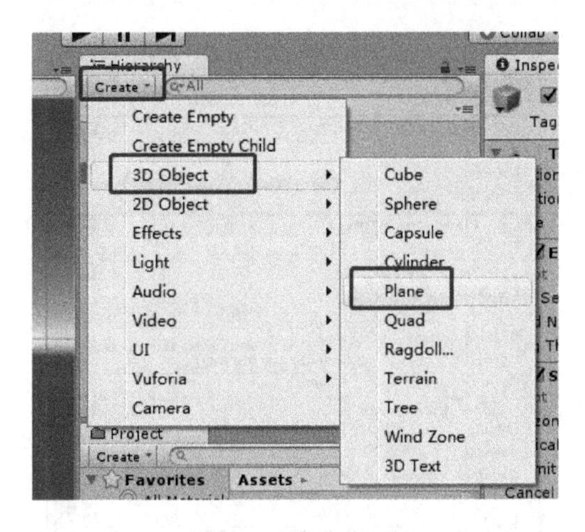

图 6-5　创建 Plane

（4）将“Assets”→“pic”文件夹下的图片文件 BG 拖曳到 Hierarchy 面板中对象 BG 上，将对象 BG 对应的 Inspector 面板中的 Position 参数（X, Y, Z）改为（0, 0, 1）；Rotation 参数（X, Y, Z）改为（90, 90, -90）；Scale 参数（X, Y, Z）改为（0.2, 0.2, 0.2）。图片拖曳如图 6-6 所示，对象 BG 的参数设置如图 6-7 所示。

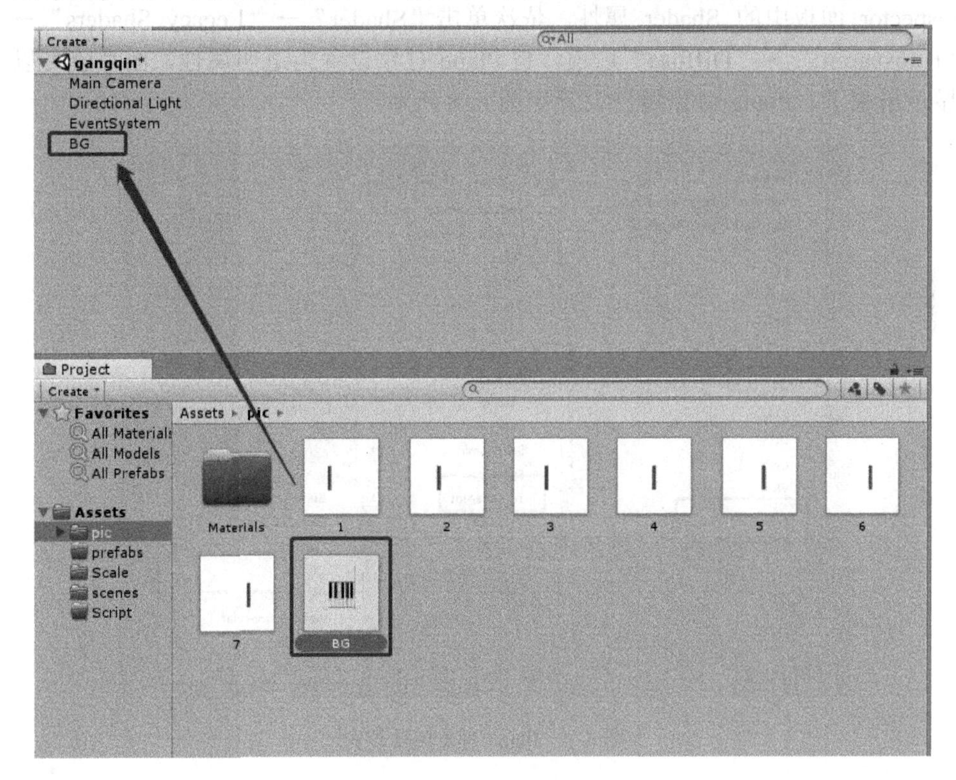

图 6-6　图片拖曳

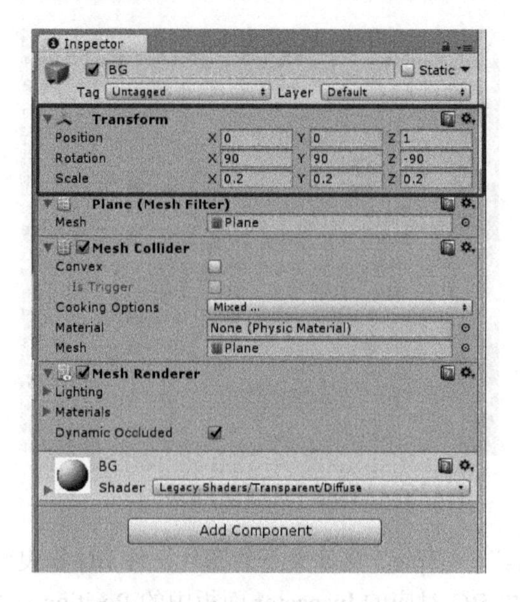

图 6-7　对象 BG 的参数设置

（5）若在 Scene 窗口及 Game 窗口中看不到图片 BG，则需要修改 Plane 对象 Inspector 面板中的 Shader 属性。依次单击“Shader”→“Legacy Shaders”→“Transparent”→“Diffuse”选项。将 Plane 对象设置为透明属性，图片就可以显示出来了。Plane 对象属性设置如图 6-8 所示。

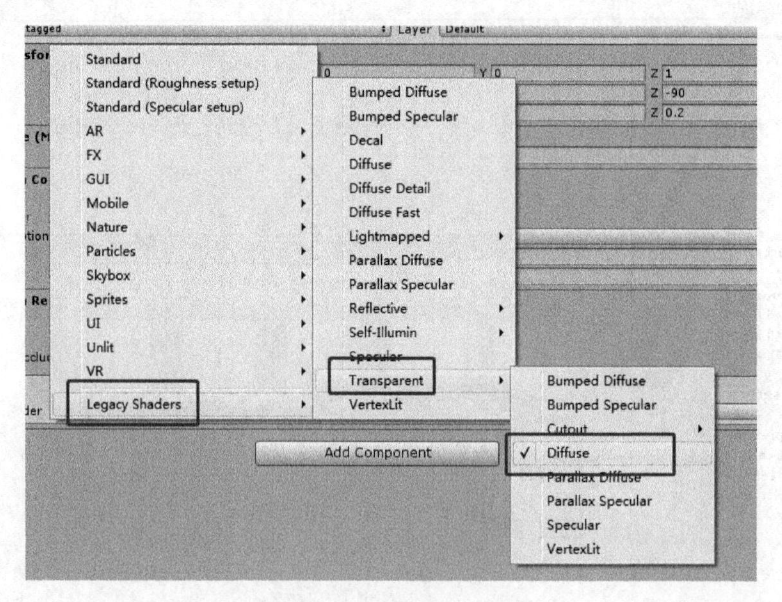

图 6-8　Plane 对象属性设置

（6）在 Scene 窗口及 Game 窗口中显示的 BG 效果图，如图 6-9 所示。

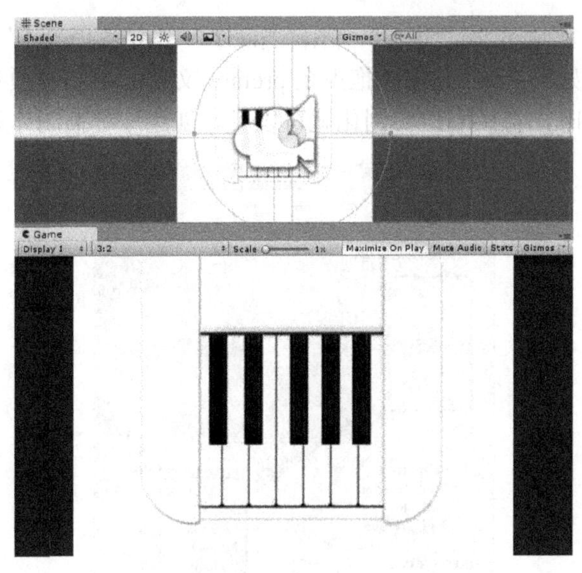

图 6-9　BG 效果图

▷▷▷ 6.3.3　制作钢琴琴键 UI

（1）新建一个 Plane 对象，并命名为 jian1（琴键 1），将“Assets”→“pic”文件夹中的图片“1”拖曳至 Hierarchy 面板中的对象 jian1 上。在 jian1 对应的 Inspector 面板中，将 Position 参数（X, Y, Z）设置为（0, 0, 0.9999999）；将 Rotation 参数（X, Y, Z）设置为（90, 90, −90）；将 Scale 参数（X, Y, Z）设置为（0.2, 0.2, 0.2）。修改图片“1”的 Shader 属性（与图片 BG 的修改方法相同）。jian1 属性面板设置如图 6-10 所示。

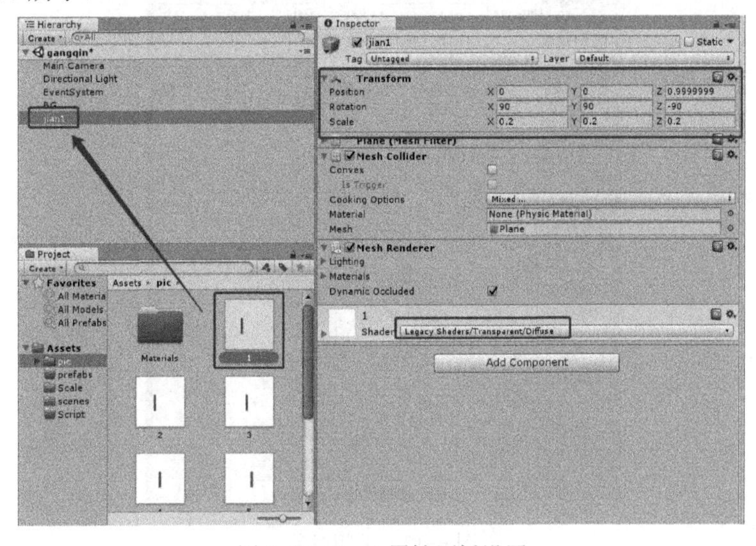

图 6-10　jian1 属性面板设置

（2）同理，复制 6 次“jian1”制作“jian2”“jian3”“jian4”“jian5”“jian6”“jian7”。将制作好的 jian1～jian7 拖曳至 prefabs 文件夹中制成预制体，这样只需要在琴键被按下时，将预制体实例化就可以了。创建琴键预制体如图 6-11 所示。

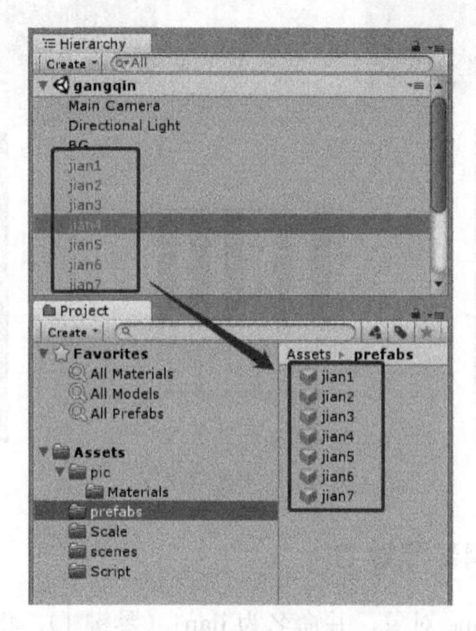

图 6-11　创建琴键预制体

（3）在 jian1～jian7 的 Inspector 面板中关闭对象，即取消勾选选择框，如图 6-12 所示。

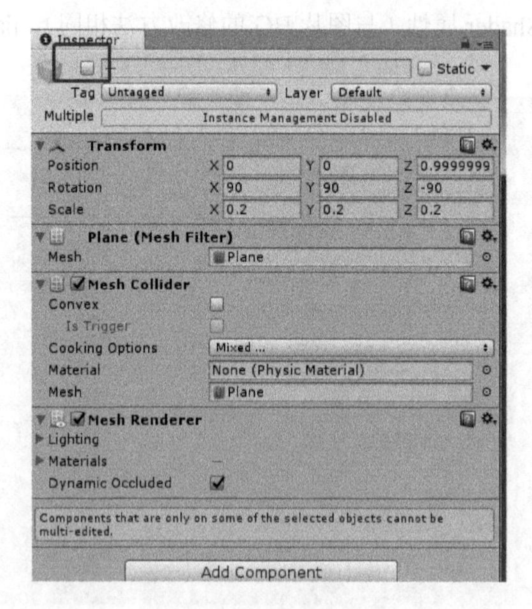

图 6-12　关闭对象

▷▷▷ 6.3.4　点亮琴键的实现脚本

（1）在 Script 文件夹中，创建 C#脚本文件，命名为 start。编写下列代码实现当按下键盘按键时，相应的钢琴琴键被点亮的功能。

```
public GameObject jian1;                     //声明琴键对象
void Update () {
 if (Input.GetKeyDown(KeyCode.A))        //当按下键盘 A 键时
 {
     Instantiate(jian1);                     //实例化琴键 1
   // Debug.Log("A");
 }
}
```

（2）编写完代码后，将脚本文件 start 拖曳至 Hierarchy 面板中的 Main Camera 对象上，如图 6-13 所示完成脚本拖曳。

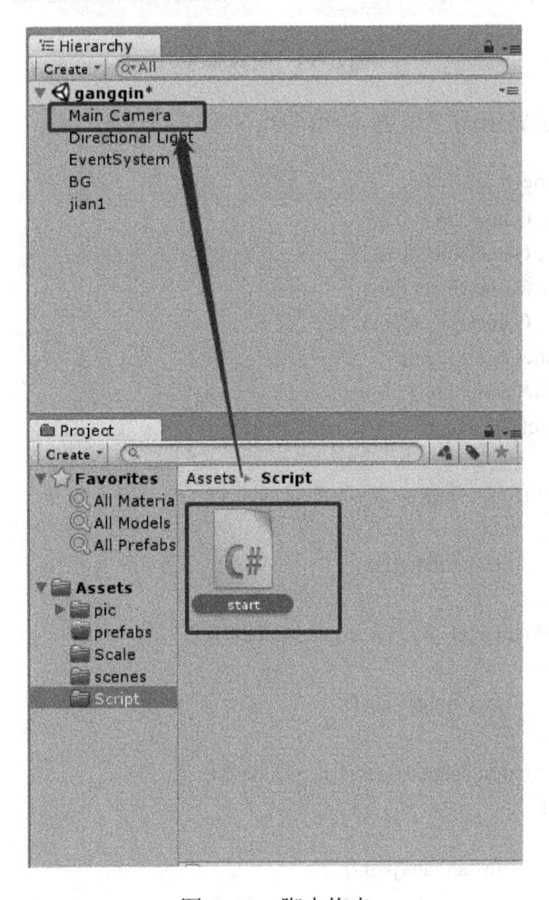

图 6-13　脚本拖曳

（3）接着，将预制体 jian1 拖曳到 start 脚本文件的 Inspector 面板中 Jian1 参数框中，如图 6-14 所示。

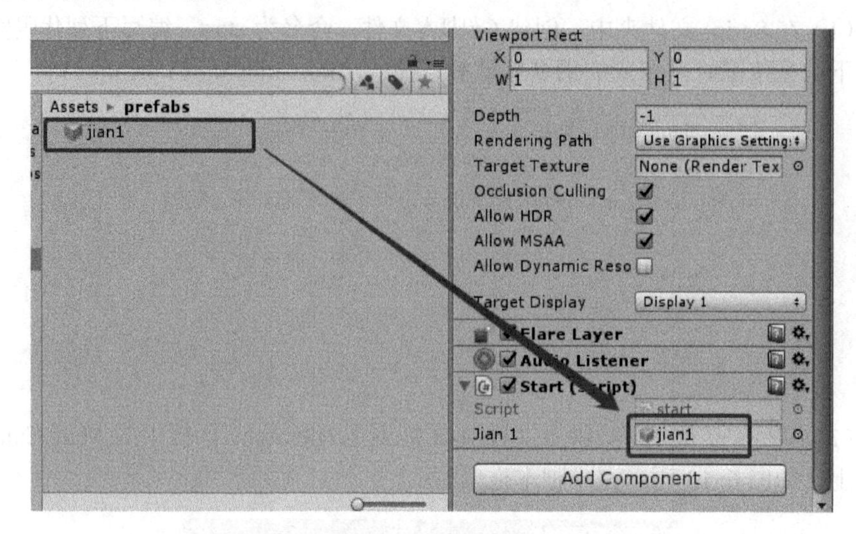

图 6-14　对象拖曳

其余 6 个琴键显示的实现脚本代码如下。

```
public GameObject jian1;
    public GameObject jian2;
    public GameObject jian3;
    public GameObject jian4;
    public GameObject jian5;
public GameObject jian6;
public GameObject jian7;
void Update()
    {
        if (Input.GetKeyDown(KeyCode.A))
        {
            Instantiate(jian1);
        }
        if (Input.GetKeyDown(KeyCode.S))
        {
            Instantiate(jian2);
        }
        if (Input.GetKeyDown(KeyCode.D))
        {

            Instantiate(jian3);
        }
```

```
        if (Input.GetKeyDown(KeyCode.F))
        {
            Instantiate(jian4);
        }
        if (Input.GetKeyDown(KeyCode.G))
        {
            Instantiate(jian5);
        }
        if (Input.GetKeyDown(KeyCode.H))
        {
            Instantiate(jian6);
        }
        if (Input.GetKeyDown(KeyCode.J))
        {
            Instantiate(jian7);
        }
    }
```

按照与预制体 jian1 相同的制作步骤制作其余 6 个预制体 jian2～jian7，如图 6-15 所示将 jian1～jian7 拖曳到 Inspector 面板中 Start（Script）下相应的位置。

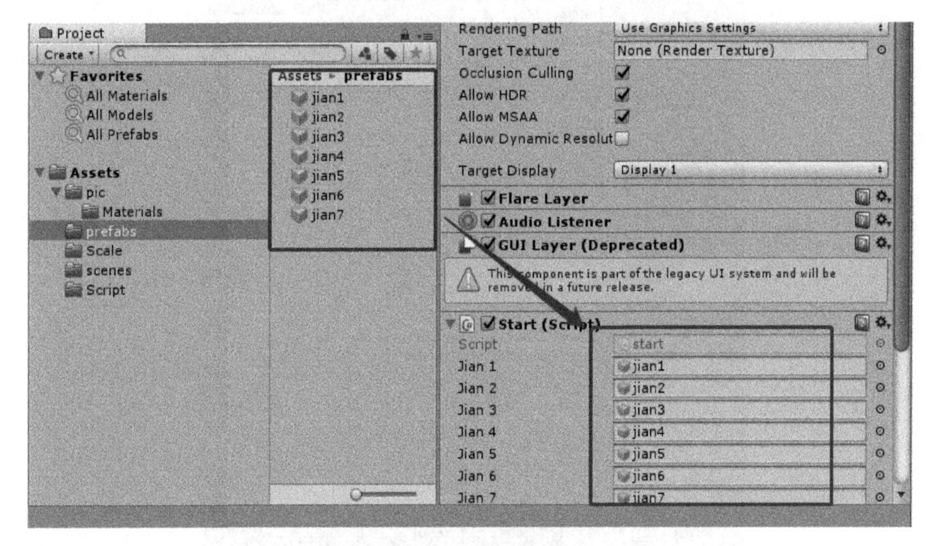

图 6-15　对象拖曳

▷▷▷ 6.3.5　取消点亮琴键的实现脚本

（1）创建 C#脚本文件，当键盘按键抬起时恢复原本的钢琴白键，并将该脚本重命名为 jian1，具体的代码如下。

```
    void Update () {
        if (Input.GetKeyUp(KeyCode.A))        //当抬起键盘 A 键时。
        {
            Destroy(GameObject);
        }
    }
```

同理，制作 7 个按键的消失脚本，按照对应的按键设置。

（2）将制作完成的脚本文件绑定在预制体 jian1 上。在 Inspector 面板中，单击“Add Component”，在 Search 框中输入脚本名称并选择“Jian 1”，如图 6-16 所示添加脚本。

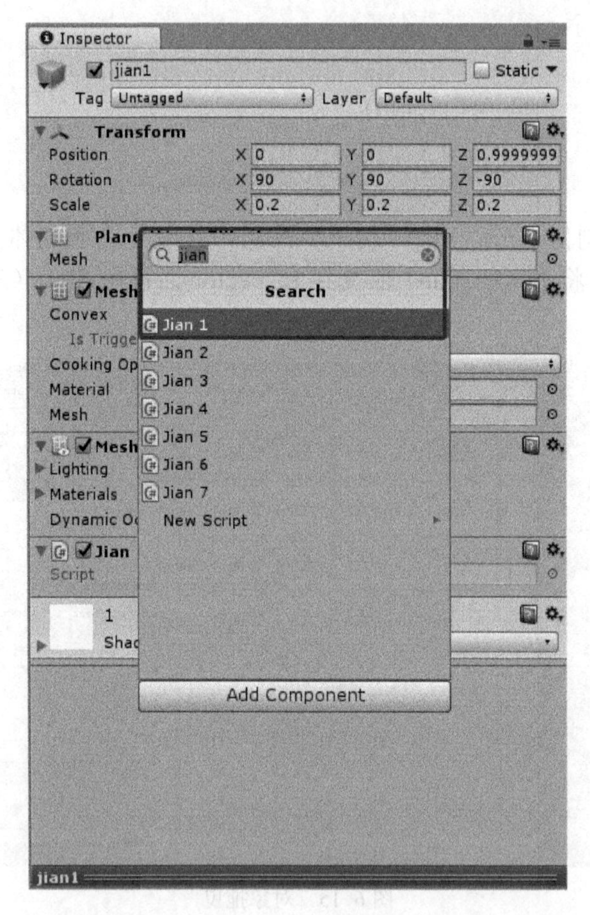

图 6-16　添加脚本

▷▷▷ 6.3.6　添加按键声音

（1）在 Hierarchy 面板中依次单击“Create”→“Audio”→“Audio Source”

选项，创建声音源，并命名为 c1，创建声音源如图 6-17 所示。

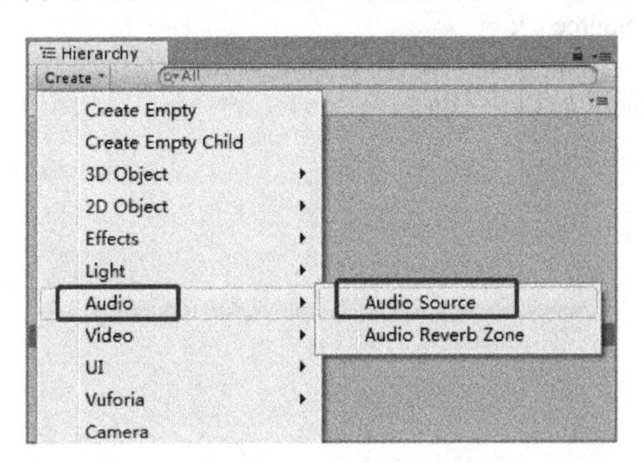

图 6-17　创建声音源

（2）从 Scale 文件夹中选择文件 c1，拖曳到 c1 所对应的 Inspector 面板中的 Audio Clip 参数框内。取消勾选“Play On Awake”，使其不在启动时就播放，而是通过脚本控制播放。音效拖曳如图 6-18 所示。同理，制作其余 6 个按键声音 c2～c7。

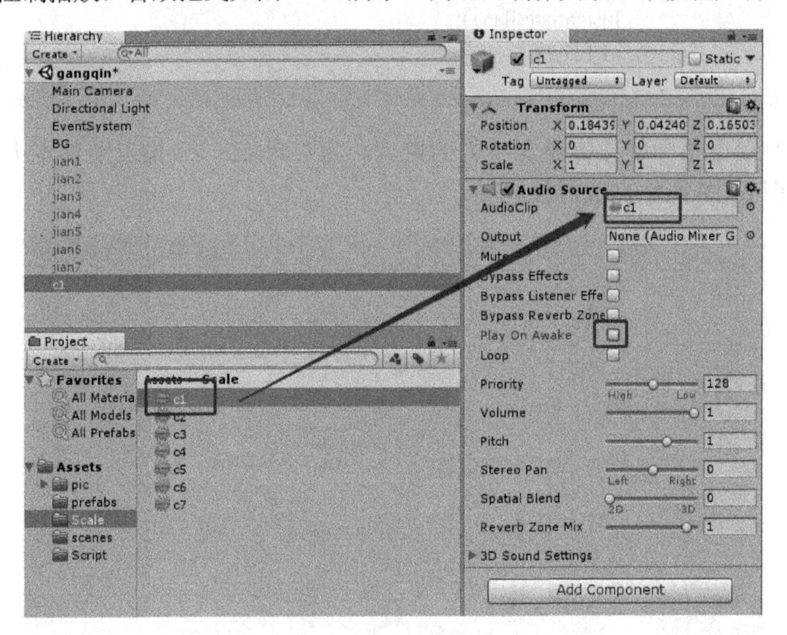

图 6-18　音效拖曳

（3）在 start 脚本中添加下列代码。

```
public AudioSource c1;
public AudioSource c2;
public AudioSource c3;
public AudioSource c4;
public AudioSource c5;
```

```
public AudioSource c6;
public AudioSource c7;
```

在 if 语句中对应添加以下代码。

```
c1.Play();
c2.Play();
c3.Play();
c4.Play();
c5.Play();
c6.Play();
c7.Play();
```

添加完成的 if 语句如下所示。

```
if (Input.GetKeyDown(KeyCode.A))
        {
            Instantiate(jian1);
            c1.Play();
        }
```

（4）根据不同的按键添加不同的声音。将对象 c1～c7 拖曳至脚本上相应位置，如图 6-19 所示完成对象拖曳。

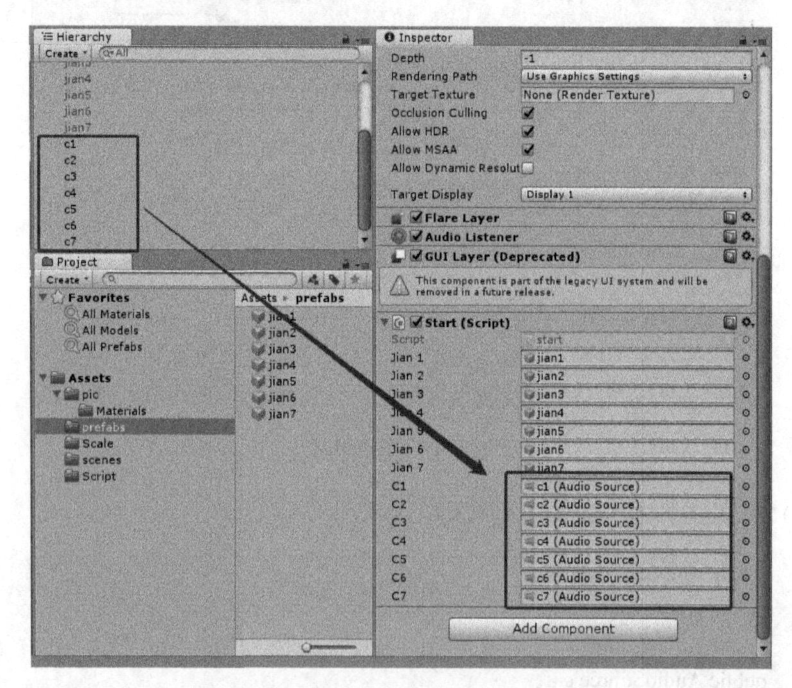

图 6-19　对象拖曳

（5）演示效果：按下键盘“A”“S”“D”等按键，听是否有声音发出，观察是否会显示按键效果。运行效果图如图 6-20 所示。

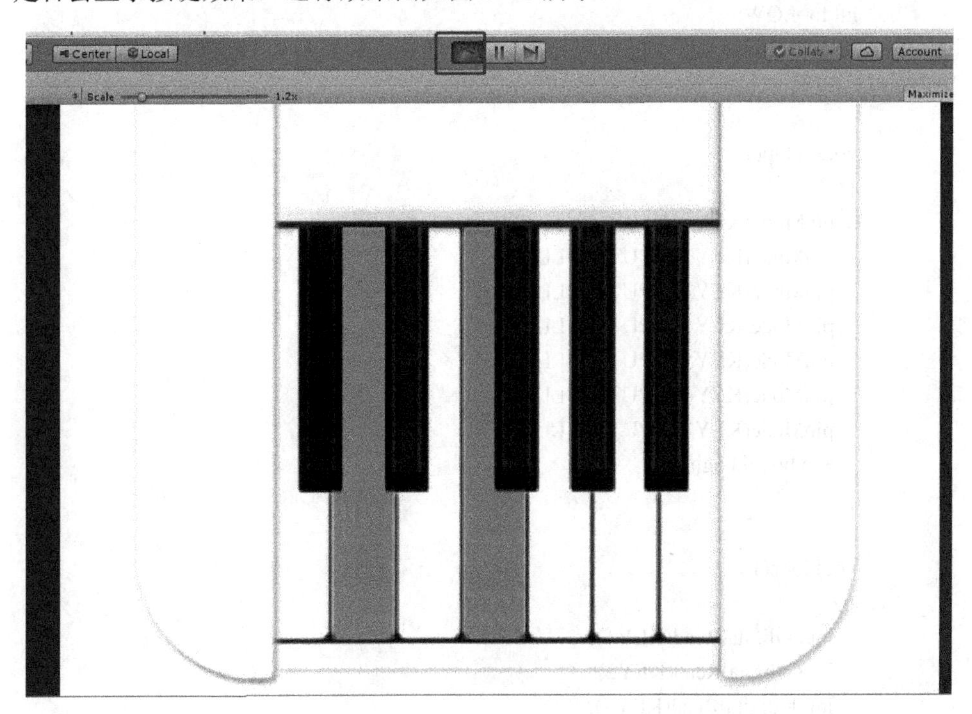

图 6-20　运行效果图

6.3.7　Arduino 设置

打开 Arduino 软件，在 Arduino 软件中输入下列虚拟按键代码。

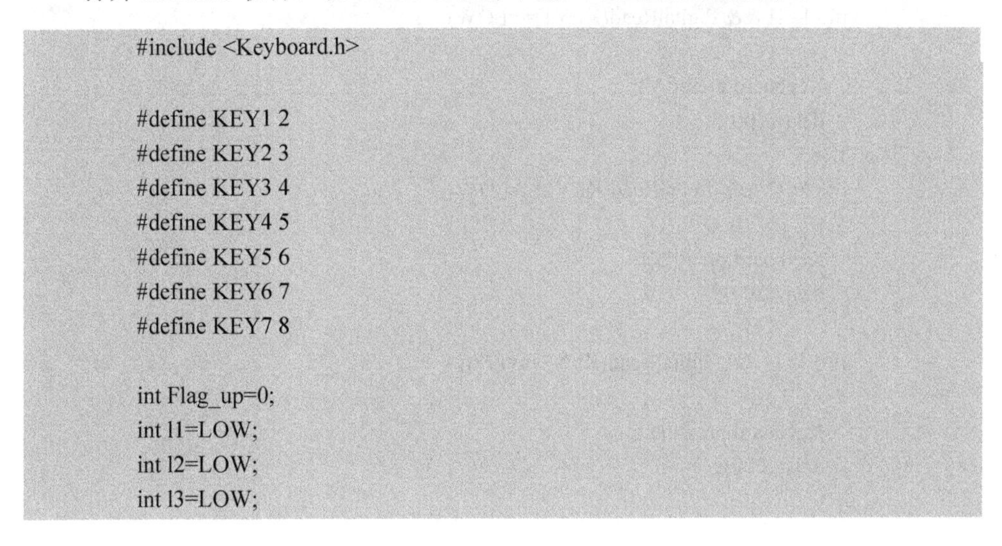

```
#include <Keyboard.h>

#define KEY1 2
#define KEY2 3
#define KEY3 4
#define KEY4 5
#define KEY5 6
#define KEY6 7
#define KEY7 8

int Flag_up=0;
int l1=LOW;
int l2=LOW;
int l3=LOW;
```

```
int l4=LOW;
int l5=LOW;
int l6=LOW;
int l7=LOW;


void setup()
{
  pinMode(KEY1,INPUT_PULLUP);
  pinMode(KEY2,INPUT_PULLUP);
  pinMode(KEY3,INPUT_PULLUP);
  pinMode(KEY4,INPUT_PULLUP);
  pinMode(KEY5,INPUT_PULLUP);
  pinMode(KEY6,INPUT_PULLUP);
  pinMode(KEY7,INPUT_PULLUP);
  Keyboard.begin();
}

void loop()
{
  int a=digitalRead(KEY1);
  int s=digitalRead(KEY2);
  int d=digitalRead(KEY3);
  int f=digitalRead(KEY4);
  int g=digitalRead(KEY5);
  int h=digitalRead(KEY6);
  int j=digitalRead(KEY7);

  if(a != l1 && digitalRead(KEY1)==LOW)
  {
    Keyboard.press('A');
    delay(200);
  }
  if(s != l2 && digitalRead(KEY2)==LOW)
  {
    Keyboard.press('S');
    delay(200);
  }
  if(d != l3 && digitalRead(KEY3)==LOW)
  {
    Keyboard.press('D');
    delay(200);
  }
```

```
    if(f != l4 && digitalRead(KEY4)==LOW)
    {
      Keyboard.press('F');
      delay(200);
    }
    if(g != l5 && digitalRead(KEY5)==LOW)
    {
      Keyboard.press('G');
      delay(200);
    }
    if(h != l6 && digitalRead(KEY6)==LOW)
    {
      Keyboard.press('H');
      delay(200);
    }
    if(j != l7 && digitalRead(KEY7)==LOW)
    {
      Keyboard.press('J');
      delay(200);
    }
    l1=a;
    l2=s;
    l3=d;
    l4=f;
    l5=g;
    l6=h;
    l7=j;

    Keyboard.releaseAll();
}
```

通过以上代码制作虚拟键盘。

▷▷▷ 6.3.8　硬件设备连接

将电路板按照图 6-21 所示电路连接图连接。

▷▷▷ 6.3.9　Arduino 代码上传

（1）将连接好的 Leonardo 电路板的 USB 接口与计算机相连。在 Arduino 软件中，依次单击“工具”→“开发板："Arduino Leonardo"”→“Arduino Leonardo”。Arduino 开发板选择如图 6-22 所示。

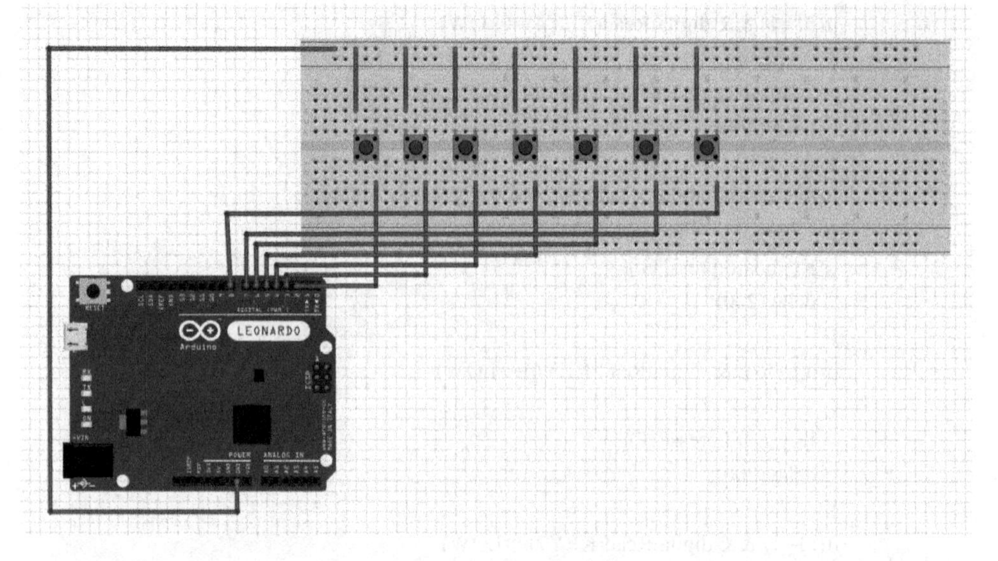

图 6-21　电路连接图

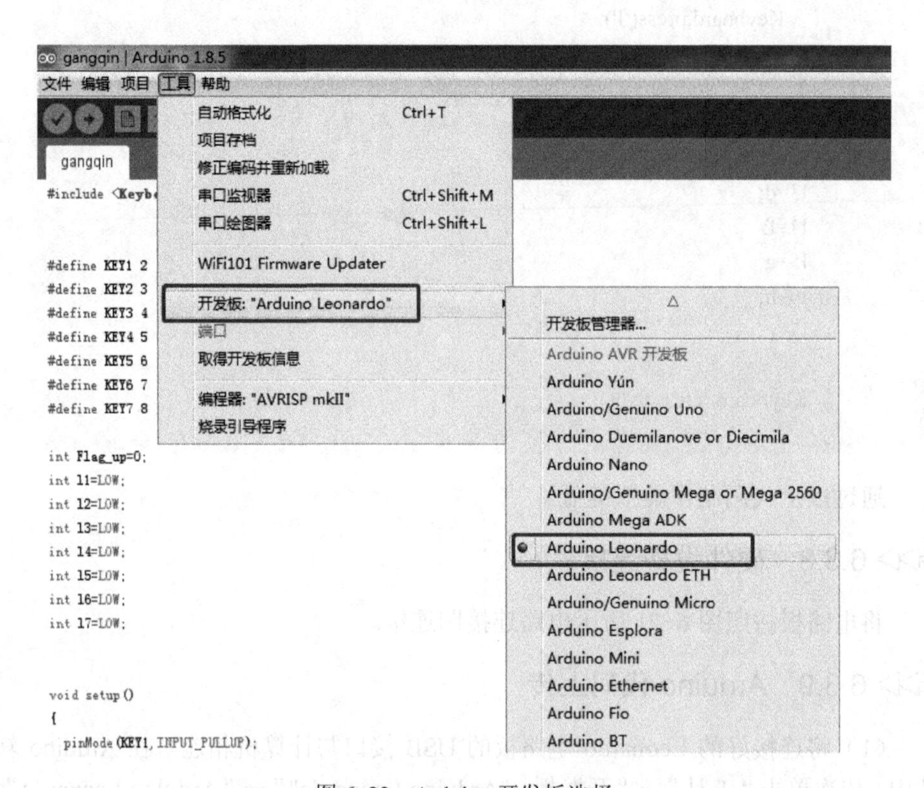

图 6-22　Arduino 开发板选择

（2）在 Arduino 菜单中依次单击“工具”→“端口”，选择设备管理器显示端口，如图 6-23 所示[图中选择的是 Arduino Leonardo（COM6）端口]。

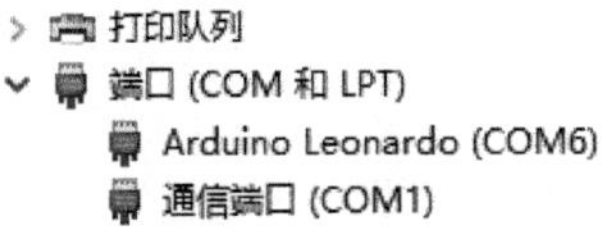

> 打印队列
∨ 端口 (COM 和 LPT)
Arduino Leonardo (COM6)
通信端口 (COM1)

图 6-23　显示端口

选择完端口后，先选择对代码进行校验，若无错误，则选择上传代码至 Leonardo 面包板中，如图 6-24 所示。至此，Arduino 部分准备完毕。

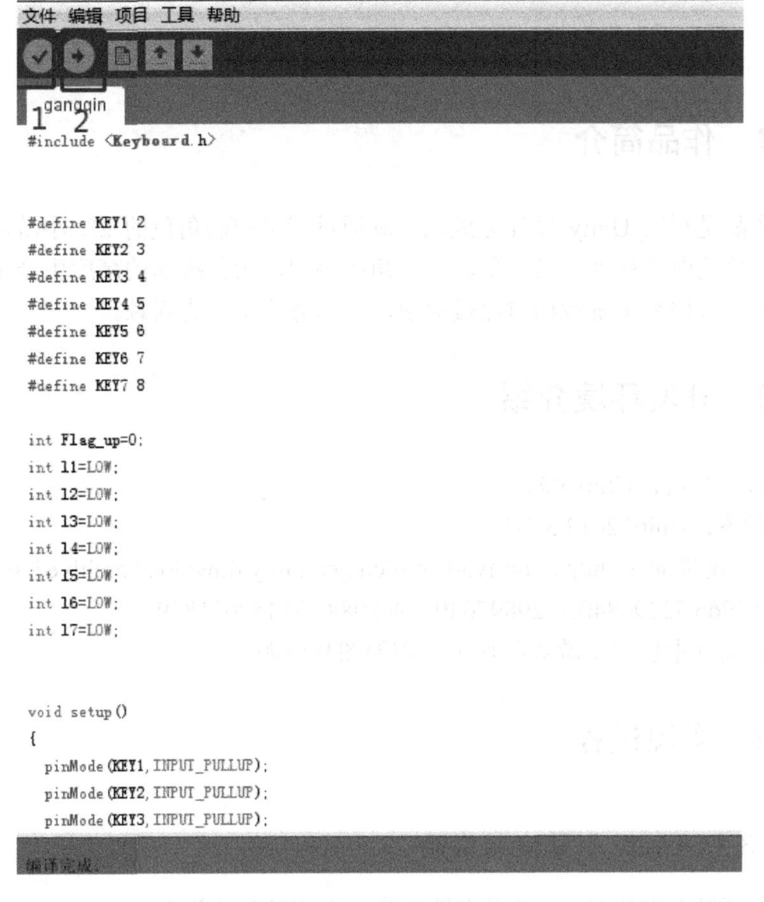

图 6-24　上传代码

▷▷▷ 6.3.10　作品发布

将制作好的 Unity 部分打开，单击运行。按下面包板上的按键进行测试，若测试游戏不存在问题，就说明该款 Unity 与 Arduino 结合的小游戏制作完毕。最后，将此 Unity 游戏作品发布，即完成此款游戏开发。

第 7 章　基于 Unity3D 的 2D 小游戏（八分音符）制作案例

7.1　作品简介

本作品是利用 Unity 设计完成的一款通过音量控制角色的 2D 小游戏。当音量较小时角色向前移动，当音量较大时角色跳起，角色跳起的高度由音量大小控制。目前，音控类小游戏相对比较火热，互动方式也较为新颖。

7.2　开发环境介绍

- 开发环境：Unity3D。
- 版本：Unity 2017.3.1f1。
- 下载地址：https://unity3d.com/cn/get-unity/download/archive?_ga=2.128253066.72398840.1529897639-1968088170.1520318895。

Start 文件中包含了游戏制作中所需的图片资源。

7.3　实现过程

7.3.1　Unity 引擎安装说明

在计算机上安装 Unity 开发引擎，具体方法可参见第 1 章。

7.3.2　打开初始工程文件

在 Unity 软件中打开 bafenyinfu_start 文件。

7.3.3　创建脚本

(1)创建一个 C#脚本文件并命名为 MicInput.cs，通过此脚本来获取音量大小，

如图 7-1 所示。

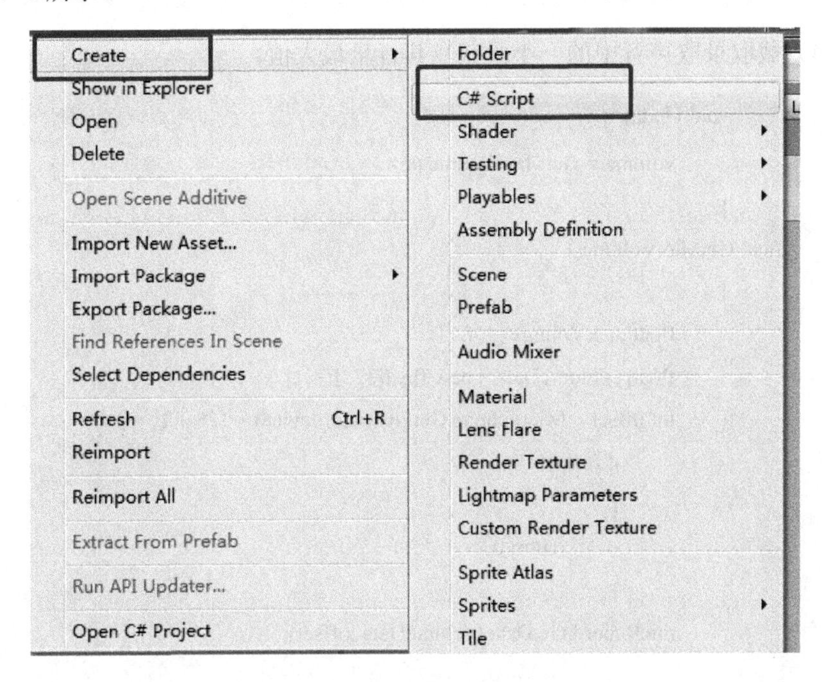

图 7-1　创建脚本

（2）定义变量。

```
public float    volume;                    //储存音量大小
AudioClip micRecord;                       //储存声音信息
string device;                             //设备的名字
```

脚本界面如图 7-2 所示。

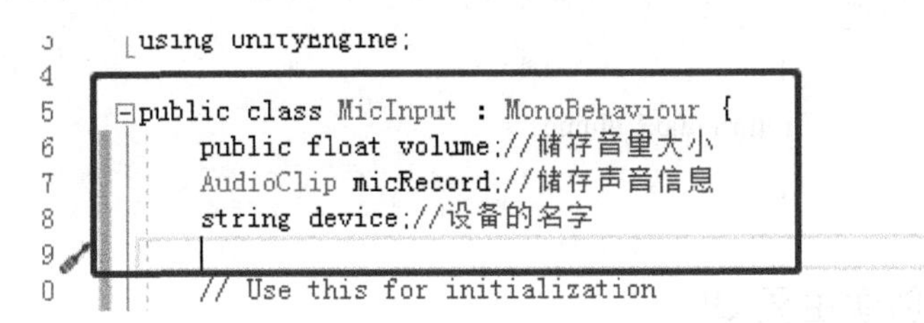

图 7-2　脚本界面

（3）获取录制设备的名称。

```
void start(){
device = Microphone.devices [0];                                  //获取默认设备
micRecord = Microphone.Start (device, true, 999, 44100);          //获取声音
```

```
    }
```

（4）截取录取声音中的一小段获取其音量最大值。

```
        void Update () {
            volume = GetMaxVolume ();
        }
    float GetMaxVolume()
        {
            float maxVolume = 0f;
            float[] volumeData = new float[128];
            int offset = Microphone.GetPosition (device) - 128 + 1;
                if (offset <0)
                {
                    return 0;
                }
            micRecord.GetData (volumeData ,offset);

                for(int i=0;i<128;i++)
                {
                    float tempMax=volumeData[i];
                    if(maxVolume<tempMax)
                    {
                        maxVolume=tempMax;
                    }
                }
                return maxVolume;
            }
```

▷▷▷ 7.3.4 创建主要 UI

（1）新建一个空物体并命名为 GM。将 MicInput.cs 脚本绑定在 GM 上，测试一下 GM 上需要显示的 Volume 值。脚本绑定如图 7-3 所示，测试 Volume 值如图 7-4 所示。

（2）将 Scene 窗口改成 2D 模式，如图 7-5 所示修改窗口属性。

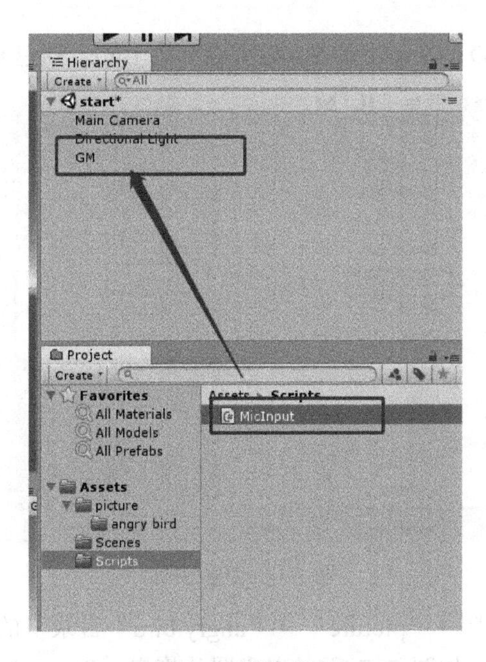

图 7-3 脚本绑定

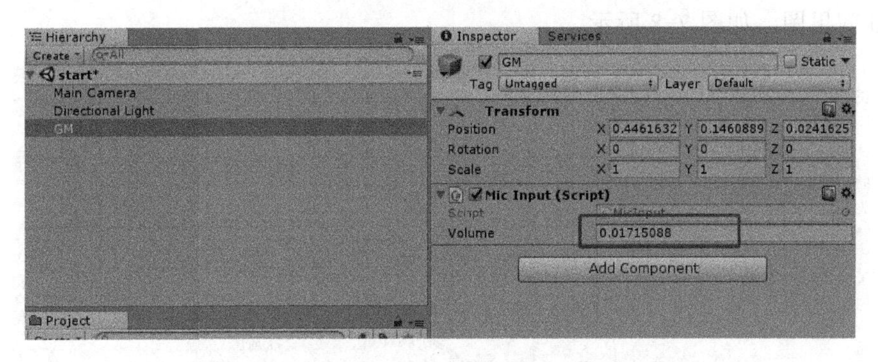

图 7-4 测试 Volume 值

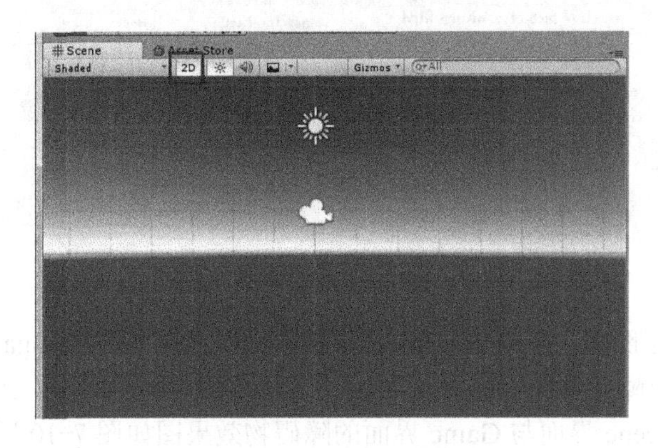

图 7-5 修改窗口属性

（3）创建一个 2D Object 下的 Sprite 并命名为 Bird。创建 Bird 如图 7-6 所示。

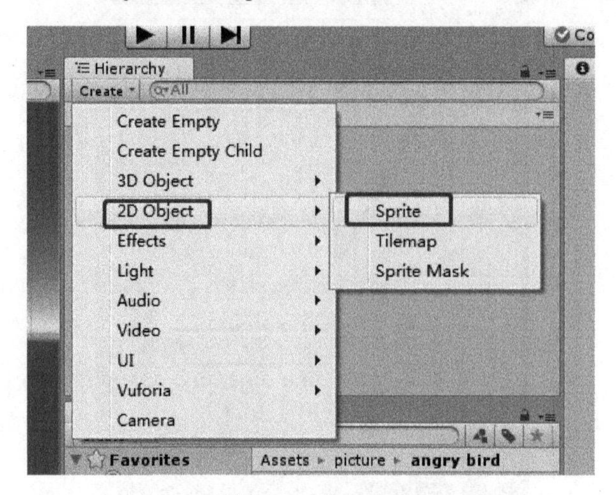

图 7-6 创建 Bird

（4）将“Assets”→“picture”→“angry bird”目录下的图片 1 拖曳至 Bird 的 Inspector 面板上，如图 7-7 所示完成图片拖曳。Scene 界面与 Game 界面的 Bird 效果图，如图 7-8 所示。

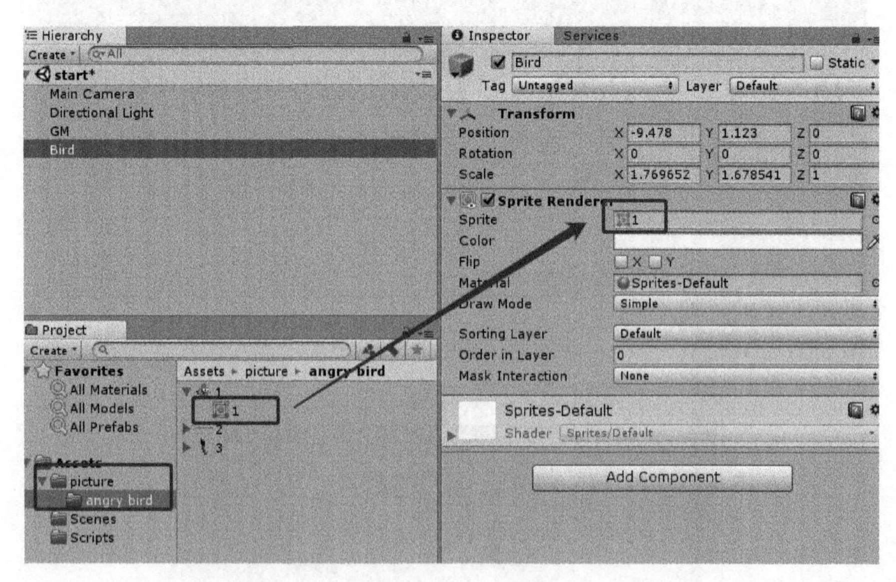

图 7-7 图片拖曳

（5）添加地形 UI，创建 2D Object 下的 Sprite 并命名为 zhangaiwu（障碍物）。将图片 2 拖曳至障碍物的 Inspector 面板上，调整障碍物的大小，如图 7-9 所示完成图片拖曳。Scene 界面与 Game 界面的障碍物效果图如图 7-10 所示。

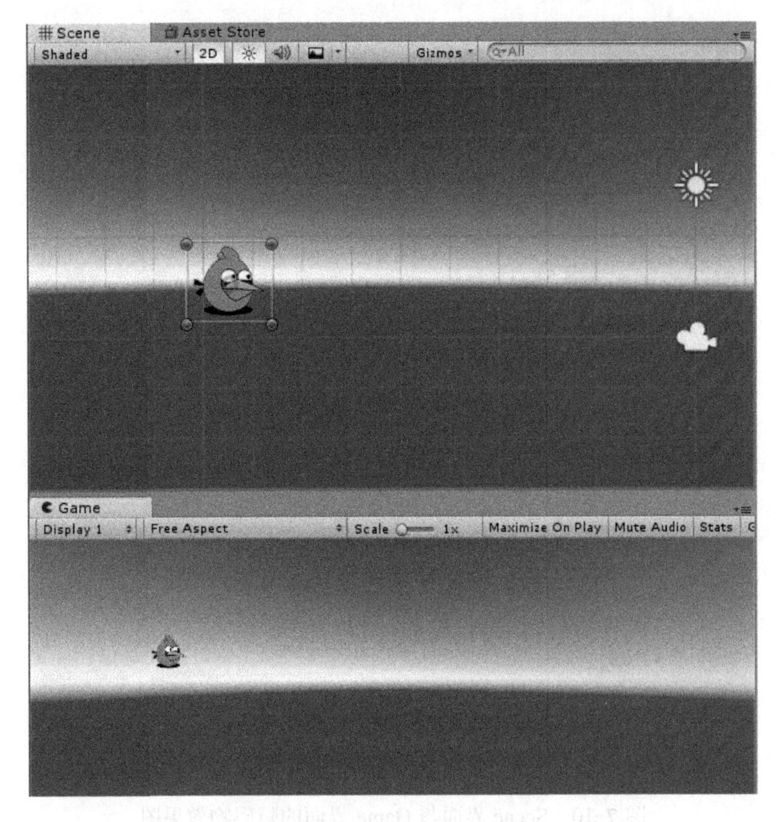

图 7-8　Scene 界面与 Game 界面的 Bird 效果图

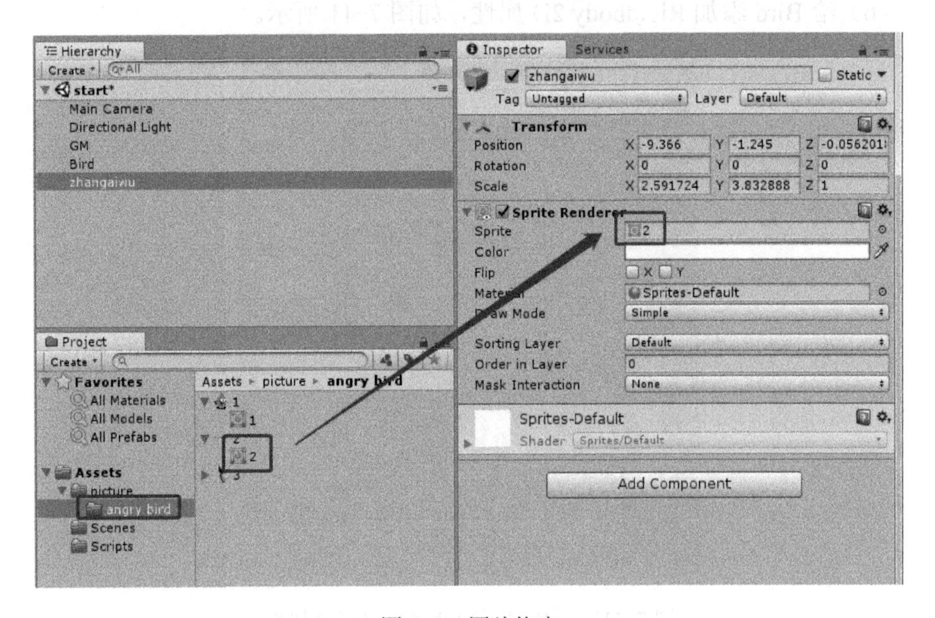

图 7-9　图片拖曳

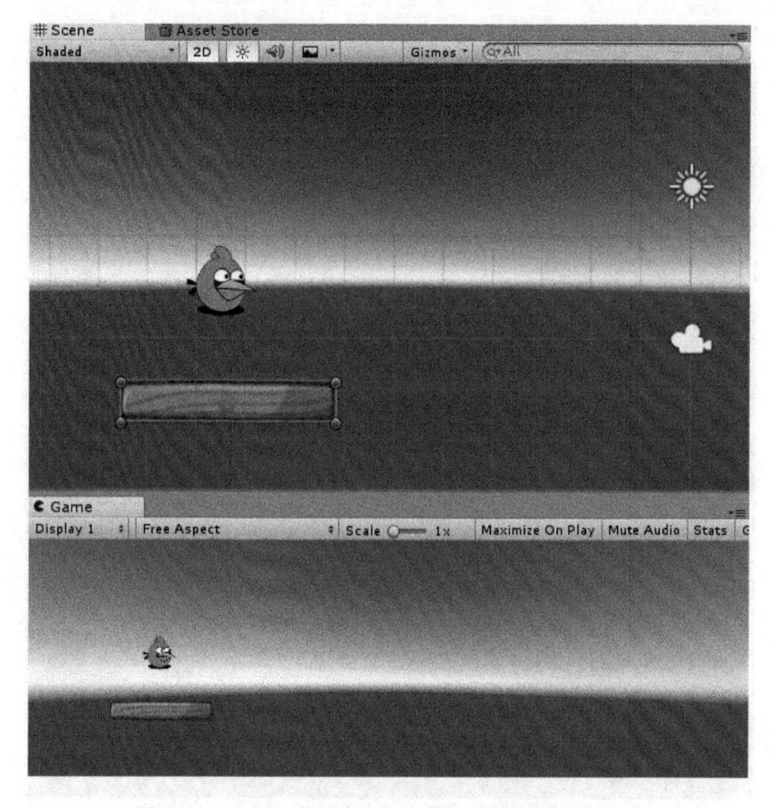

图 7-10　Scene 界面与 Game 界面的障碍物效果图

（6）给 Bird 添加 Rigidbody 2D 属性，如图 7-11 所示。

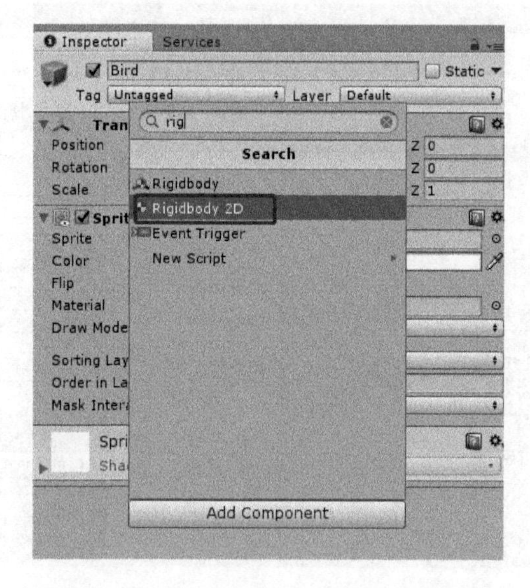

图 7-11　给 Bird 添加 Rigidbody 2D 属性

（7）为了避免在碰到障碍物时，Bird 翻滚行走，需勾选 Freeze Rotation 选项，如图 7-12 所示修改属性。

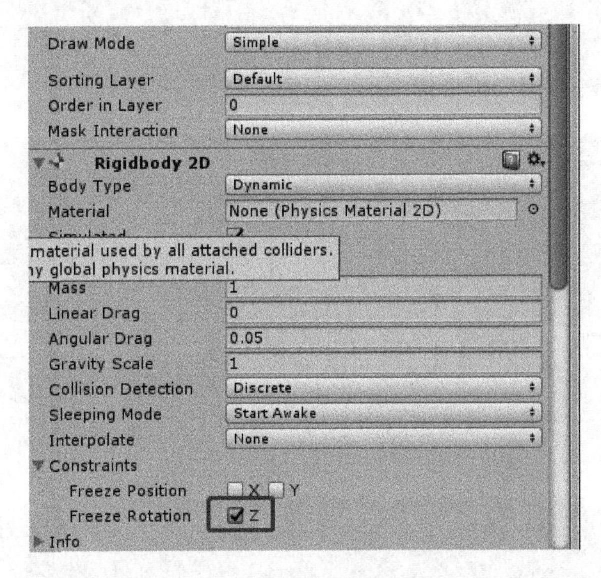

图 7-12　修改属性

（8）分别给 Bird 和障碍物添加 Box Collider 2D 属性，如图 7-13 所示。

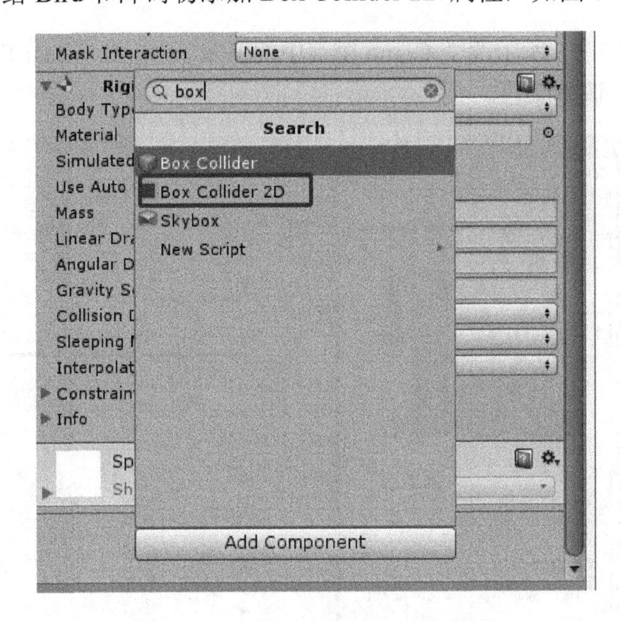

图 7-13　添加 Box Colllider 2D 属性

（9）通过复制制作多个障碍物并调整其位置及大小，其效果图如图 7-14 所示。

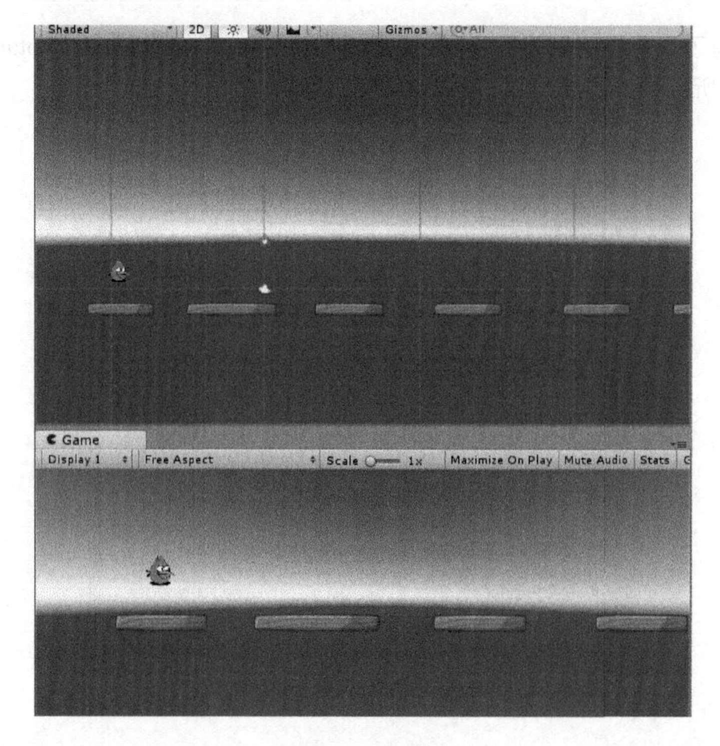

图 7-14 效果图

（10）如图 7-15 所示改变 Game 窗口中的背景颜色，将 Clear Flags 参数修改为 Solid Color，调整颜色。

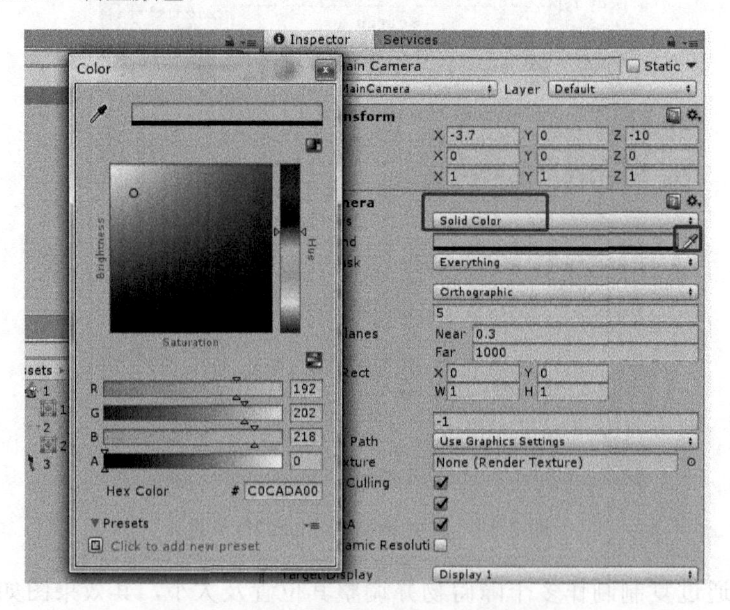

图 7-15 改变 Game 窗口中的背景颜色

▷▷▷ 7.3.5　通过代码控制 Bird 移动

（1）修改 MicInput.cs 脚本，为了能够获取 volume 的值，将“public float volume;”语句修改为“public static float volume;”语句，代码修改如图 7-16 所示。

```
public class MicInput : MonoBehaviour {

    public static float volume;
    AudioClip micRecord;
    string device;


    // Use this for initialization
    void Start () {
```

图 7-16　代码修改

（2）创建脚本 QuaverCtrl.cs，编写代码实现通过获取 volume 的值来控制 Bird 的移动的功能，将该脚本绑定到 Bird 上。

```
    public float volume;                    //记录音量大小
    Rigidbody2D rg;
    public float jumpForce;                 //将跳起的力度设置成 500（根据每个人计算机声卡
的不同，设置力度不同）
    float tempTime=0;
    float maxSpeed = 5f;                    //限制 X 轴最大速度为 5
    void Start () {
            rg = GetComponent<rigidbody2D> ();
        }                                   //获取数据
    void Update () {
            volume = MicInput.volume;           //获取 MicInput 脚本中 volume 值

            if (volume > 0) {
                MoveForward ();
    if (rg.velocity.x > maxSpeed)
                {
                    rg.velocity = new Vector2 (maxSpeed, rg.velocity.y);
                }                               ///限制 X 轴最大速度
            }
            if (volume > 0.4) {
                if (Time.time-tempTime>2){
                    Jump();
                    tempTime = Time.time;
```

```
            }

        }       //将 MicInout 中的音量导入该脚本中，并且根据音量判断 Bird 是跳
起还是前进，且为了避免 Bird 跳得过高还添加了 tempTime
    void Jump(){
            rg.AddForce (Vector2.up * jumpForce * volume);
        }               //设置跳起的高度
    void MoveForward(){
            rg.AddForce (Vector2.right * 50 * volume);
        }           //设置前进的长度，其中“50”为根据自己的计算机设置不同的力度
```

▷▷▷ 7.3.6 修改 Bird 移动参数

（1）因 Bird 向前滑行时需修改其摩擦系数，所以在 Project 面板下创建 Physics Material 2D，命名为 QuaverM，如图 7-17 所示。

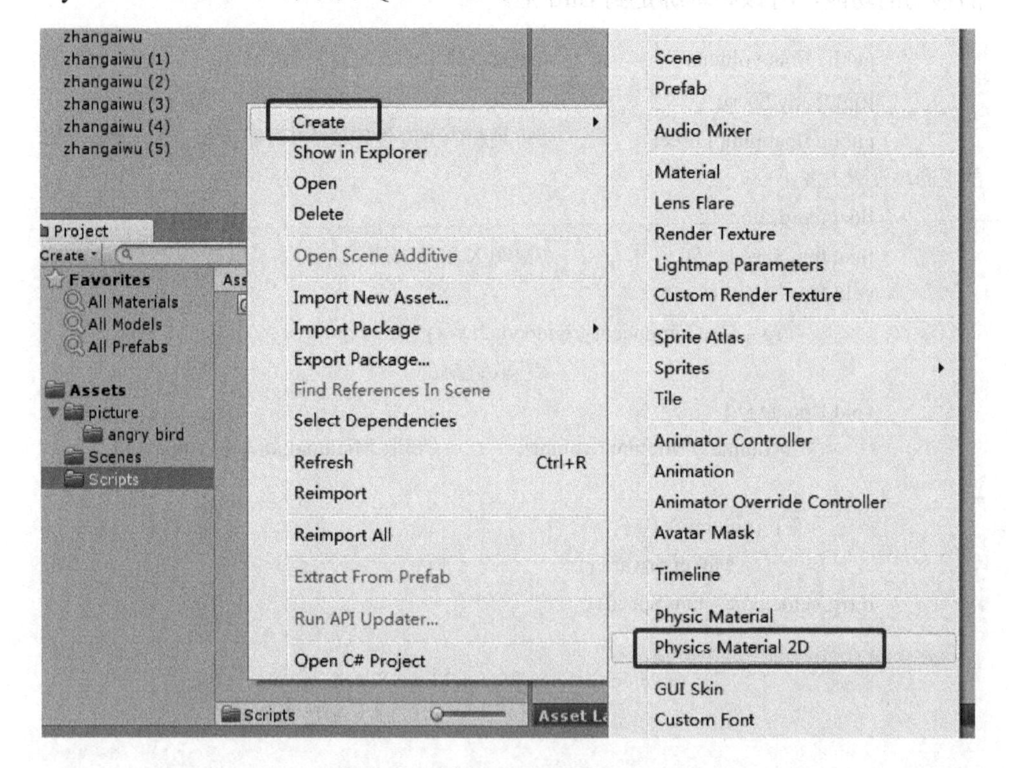

图 7-17 创建 Physics Material 2D

（2）将 QuaverM（摩擦系数）的 Friction 参数修改为 0.6，再将其拖曳至 Bird 及障碍物的 Inspector 面板中的 Material 参数框中。修改摩擦系数如图 7-18 所示，

对象拖曳如图 7-19 所示。

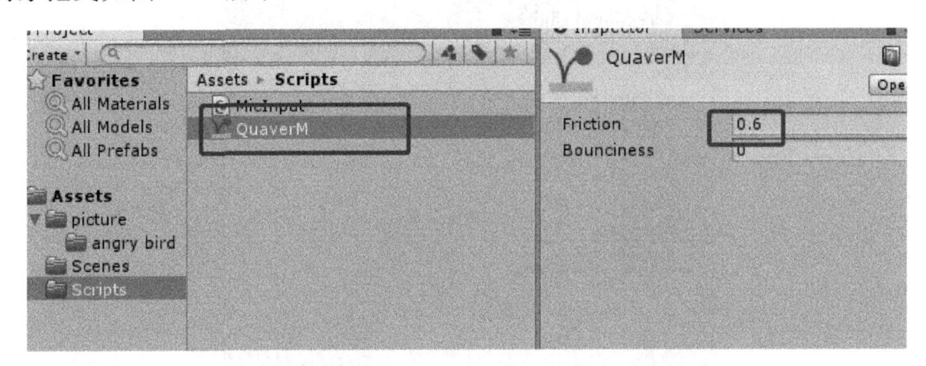

图 7-18　修改摩擦系数

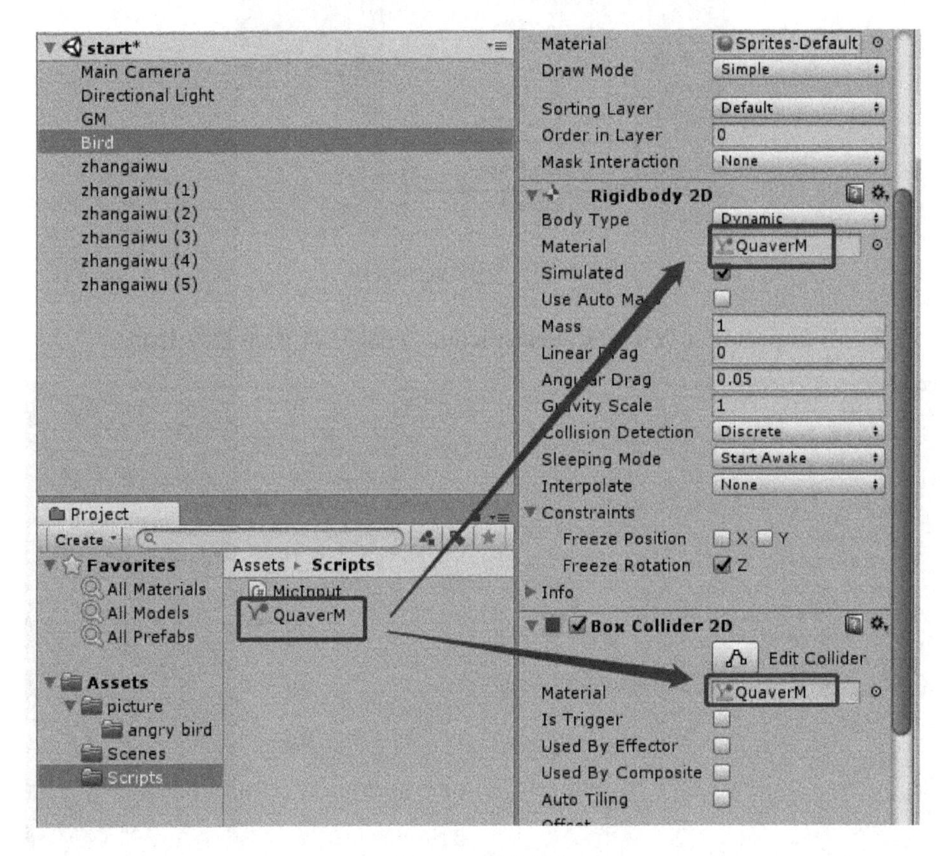

图 7-19　对象拖曳

▷▷▷ 7.3.7　设置游戏失败机制

（1）创建一个空物体并命名为 DeadRoom，如图 7-20 所示。

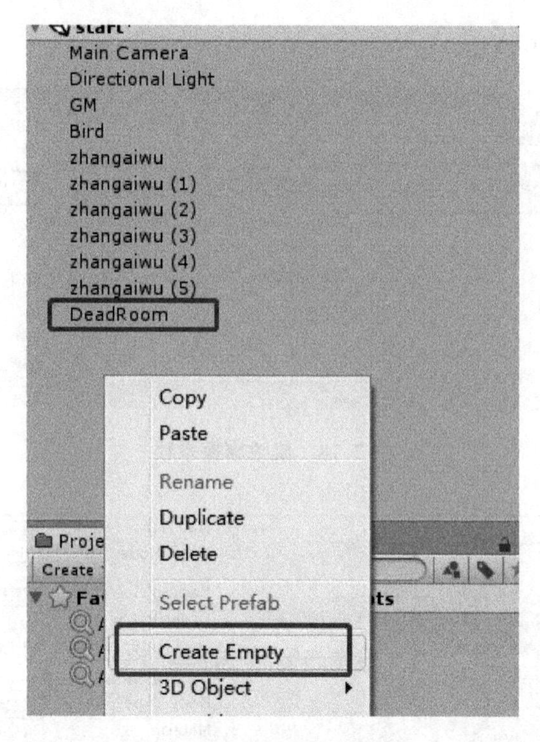

图 7-20　创建 DeadRoom

（2）在 Inspector 面板中选择 Select Icon，如图 7-21 所示修改 Icon。

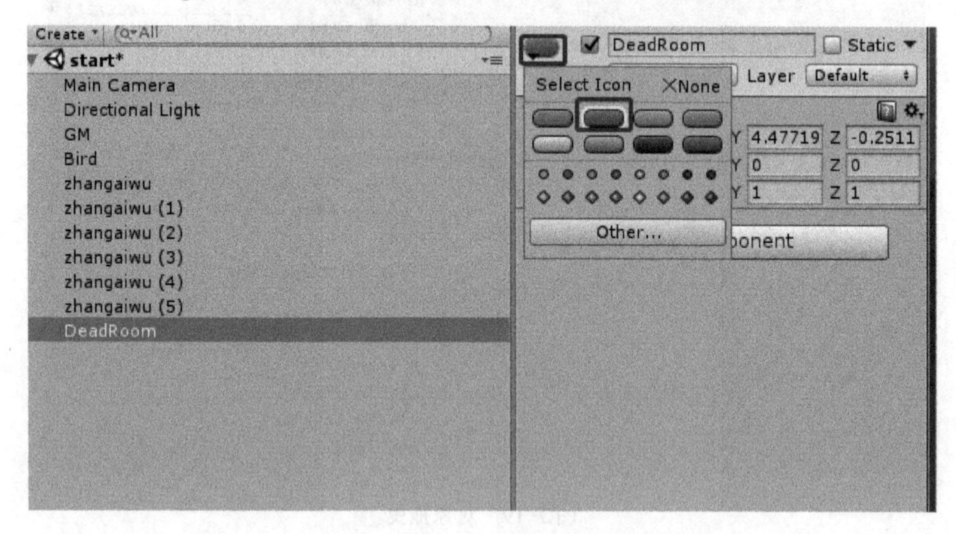

图 7-21　修改 Icon

（3）将该物体移动到地形 UI 的下方，然后添加 Box Collider 2D，如图 7-22 所示。

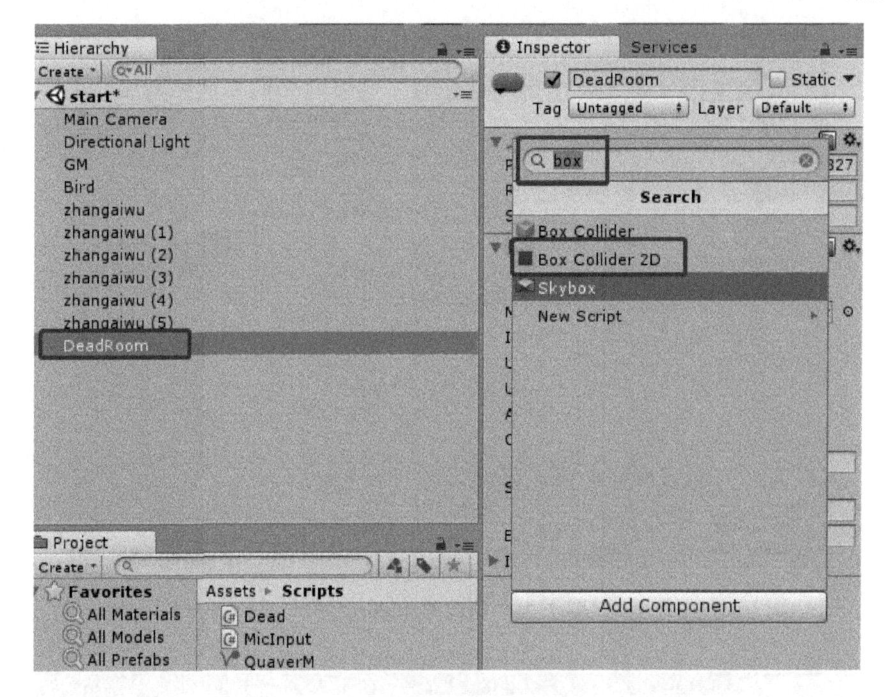

图 7-22　添加 Box Collider 2D

（4）勾选 Is Trigger 选项，如图 7-23 所示修改 Box Collider 2D 属性。

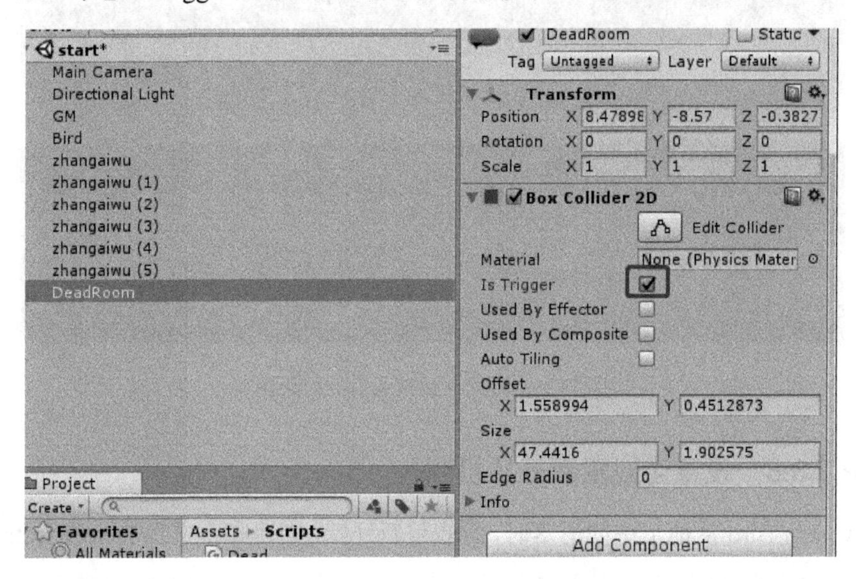

图 7-23　修改 Box Collider 2D 属性

（5）在 Inspector 面板中选中 Edit Collider，如图 7-24 所示修改 Collider 大小，将碰撞框拉宽，碰撞框被拉宽后的效果图如图 7-25 所示。

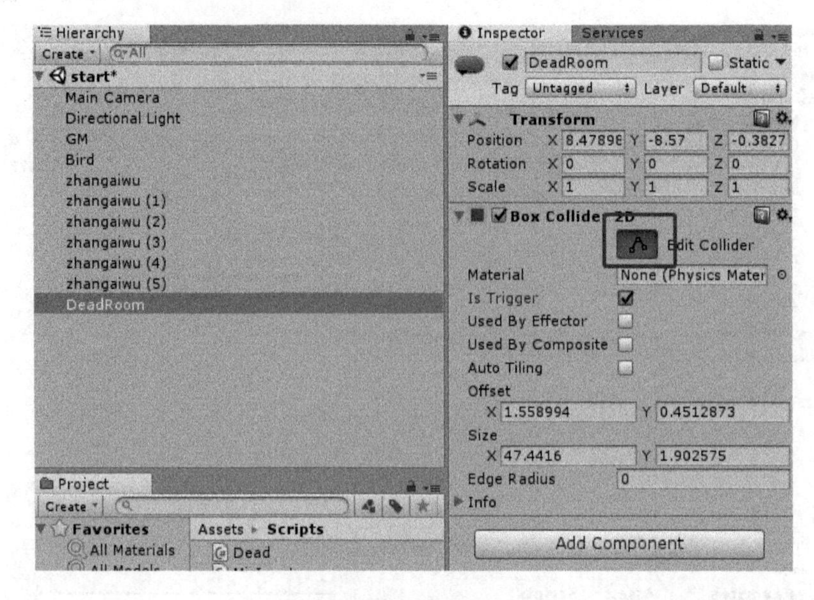

图 7-24　修改 Collider 大小

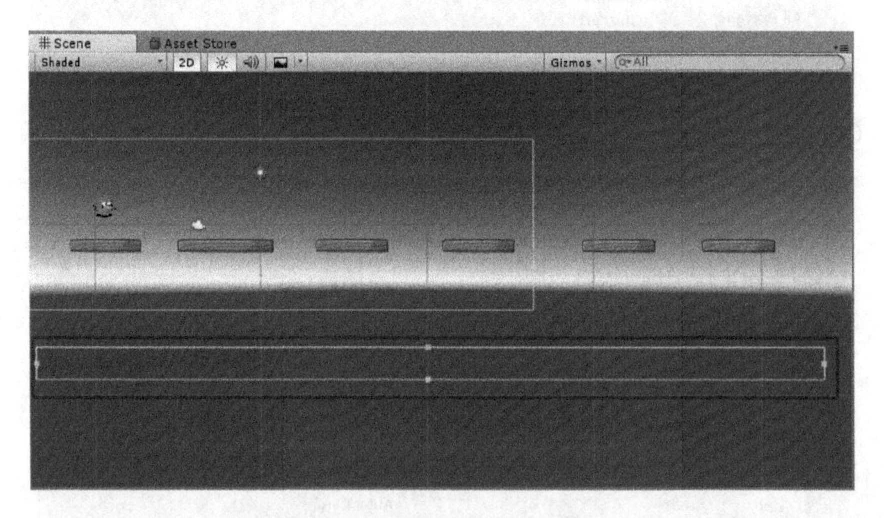

图 7-25　碰撞框被拉宽后的效果图

▷▷▷ 7.3.8　设置游戏重新开始机制

（1）当 Bird 从地形中间滑落时，游戏重新开始，创建脚本文件 DelectDeath.cs。

```
        using UnityEngine.SceneManagement;    //添加此项，因为在游戏重新开始时要调用
管理场景功能
            private void OnTriggerEnter2D(Collider2D collision)
            {
```

```
            if (collision.gameObject.tag == "Player") {
                SceneManager.LoadScene (0);
    }
        }//添加 Trigger 函数
```

（2）由于脚本中设置的是碰到 tag“Player”，所以在 Inspector 面板中，需要对应地将 Bird 的“Tag”属性修改为 Player，如图 7-26 所示。

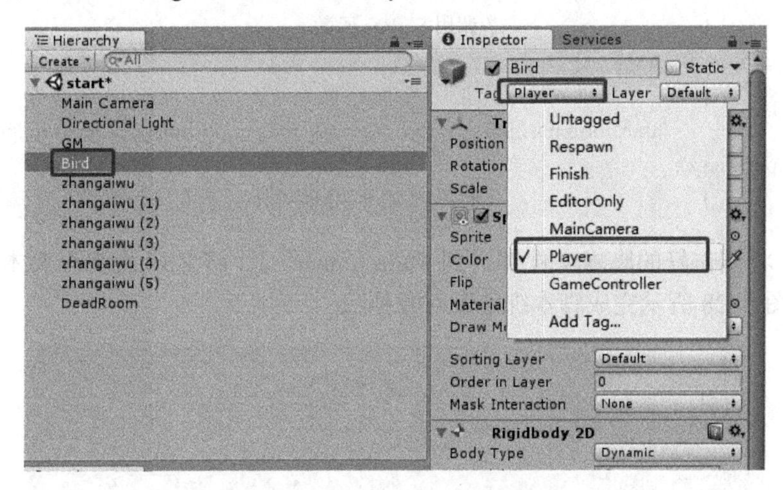

图 7-26　修改 Bird 的“Tag”属性

（3）将脚本文件绑定在 DeadRoom 上，如图 7-27 所示完成脚本拖曳。

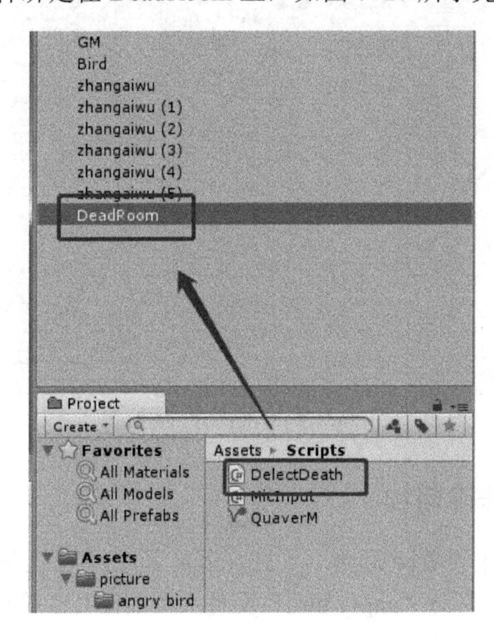

图 7-27　脚本拖曳

▷▷▷ 7.3.9 实现相机跟随功能

（1）为了使相机跟随 Bird 移动，需创建脚本 CameraFellow.cs，具体的代码如下。

```
        public Transform player;
        void Update () {
                SetPos ();
            }                   //调用 SetPos 函数。
        void SetPos()
            {
                transform.position = new Vector3 (player.position.x, transform.position.y,
transform.position.z);
            }                   //将 Bird 的 x 值赋给相机，y 值和 z 值不变
```

（2）将制作好的脚本文件绑定到 Main Camera 上，将 Bird 拖曳至脚本 Player 处，如图 7-28 所示完成脚本绑定及对象拖曳。

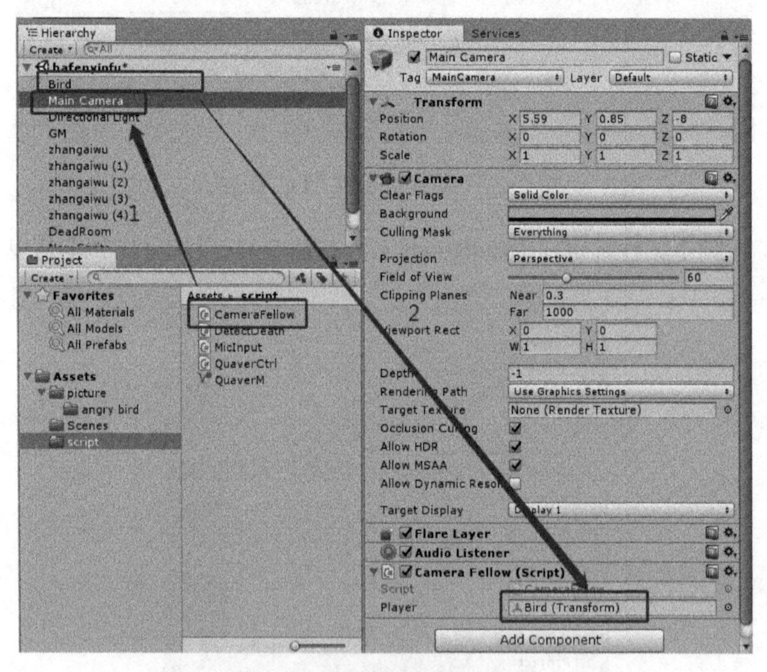

图 7-28　脚本绑定及对象拖曳

▷▷▷ 7.3.10 制作障碍物

（1）在地形 UI 上设置障碍物，在 Hierarchy 面板中依次单击“2D Object”→“Sprite”，将“picture”→“angry bird”文件夹中的图片 3 拖至新建的 Sprite 上，如图 7-29 所示创建障碍物 UI。

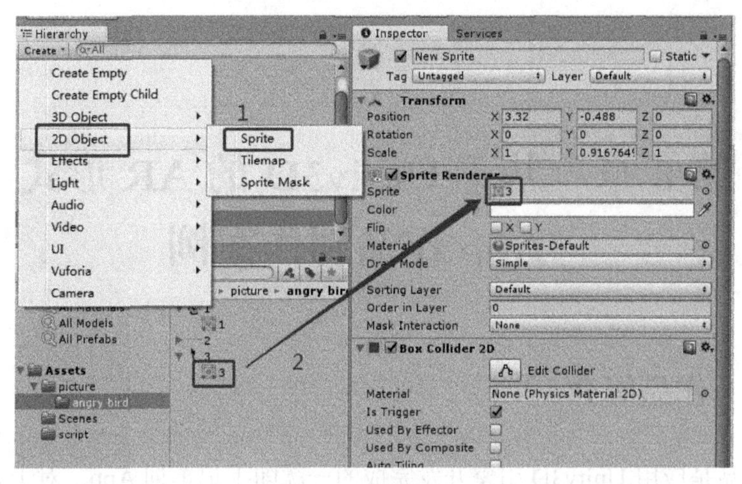

图 7-29　创建障碍物 UI

（2）添加 Box Collider 2D 属性，勾选 Is Trigger 选项，调整障碍物到合适位置，将 DetectDeath 脚本拖曳至该障碍物上，复制创建多个障碍物。当 Bird 碰到障碍物时游戏结束，运行效果图如图 7-30 所示。

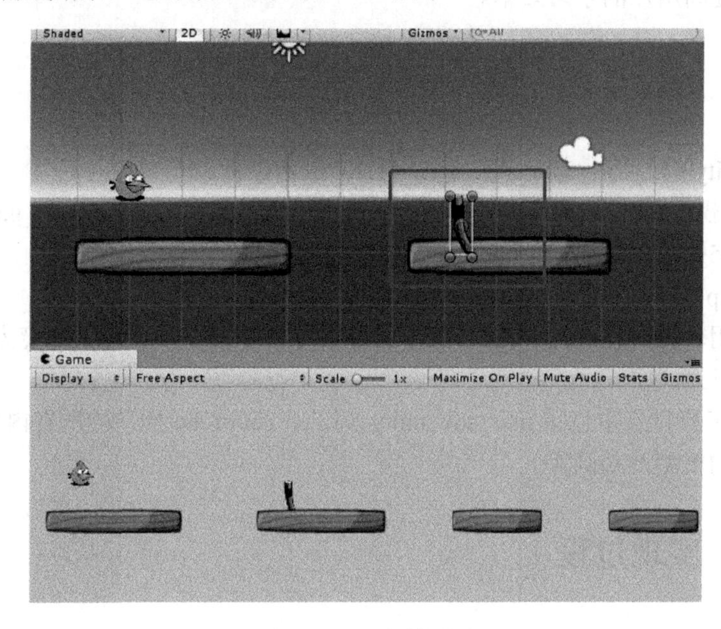

图 7-30　运行效果图

▷▷▷ 7.3.11　作品发布

设置 Bird 游戏路径及障碍物的数量完善游戏机制，单击“Building Settings”发布此游戏，具体方法参见第 1 章。

第 8 章　基于 Untiy3D 的 AR 形式 App 作品制作案例

▷▷ 8.1　作品简介

本作品是应用 Unity3D 引擎开发完成的一款随手记单词 App。对于开发者来说，本作品可帮助其学习 Unity3D 引擎的基本结构和开发流程。对于用户而言，本作品在开发过程中加入相应的模型并引入相应的增强现实（AR）技术，可通过触摸手机屏幕与模型进行互动，即双击模型可获得英文发音，进而增强用户的学习兴趣，提高用户的学习效率。

▷▷ 8.2　开发环境介绍

- Unity3D 引擎；hiar_sdk_unity v1.2.1 版本插件。
- 下载地址：https://unity3d.com/cn/get-unity/download/archive?_ga=2.204143059. 2111519374.1529750894-87140737.1520324864；
  http://www.hiar.io/download.html。

本应用软件可在 Unity 5.4.3 版本引擎中进行开发，软件运行环境为 Android 4.0.3 及以上版本。

Start 工程目录中包括 hiar_sdk_unity v1.2.1_c60bfebd 插件的所有内容、Tiger 文件夹内的模型及动画等。

▷▷ 8.3　实现过程

▷▷▷ 8.3.1　Unity 引擎安装说明

在计算机上下载安装 Unity 5.4.3 版本，具体方法参见第 1 章。

▷▷▷ 8.3.2　Android 环境配置

JDK 官网下载地址：https://www.oracle.com/technetwork/java/javase/downloads/

jdk8-downloads-2133151.html

Android SDK 官网下载地址：https://android-sdk.en.softonic.com/?ex=DSK-1262.0

（注意：如果从官网下载太慢，可以从 https://pan.baidu.com/s/1jJx7Ubc 下载，密码为 2avz。）

下载完成后，解压文件。运行安装程序 jdk-7u67-windows-x64，依次单击“下一步”按钮进行安装。在安装过程中先后会出现两次选择安装目录的界面，请分别设为以下路径。

JDK 安装目录：C:\Program Files\Java\jdk1.7.0_67。

JRE 安装目录：C:\Program Files\Java\jre7。

安装完毕后，将 jdk1.8.0_77 文件夹复制到 C:\Program Files\Java 目录下，配置环境变量：鼠标右键单击“计算机”，选择“属性”，依次单击“高级系统设置”→“高级”→“环境变量”，如图 8-1 所示新建用户变量。

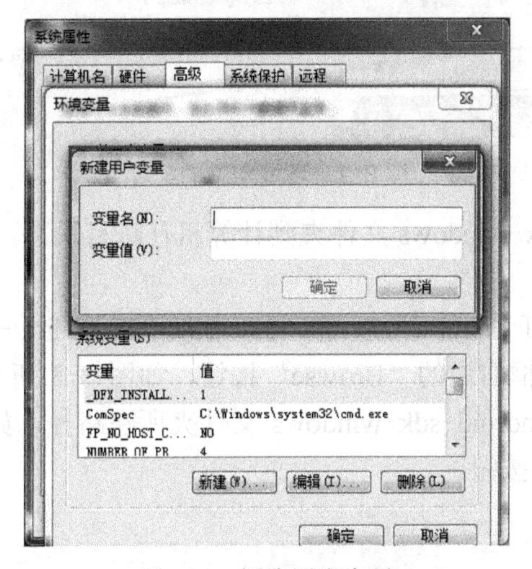

图 8-1　新建用户变量

在“新建用户变量”对话框中依次新建以下三组环境变量，并在“变量值”框中填入相应路径。

第一组：

变量名：JAVA_HOME；

变量值：C:\Java\jdk1.8.0_77。

第二组：

变量名：PATH；

变量值：%JAVA_HOME%/bin。

第三组：

变量名：CLASSPATH；

变量值：.;%JAVA_HOME%/lib/tools.jar;%JAVA_HOME%/lib/dt.jar。

设置完成后，单击“确定”按钮完成环境变量的配置，如图 8-2 所示。

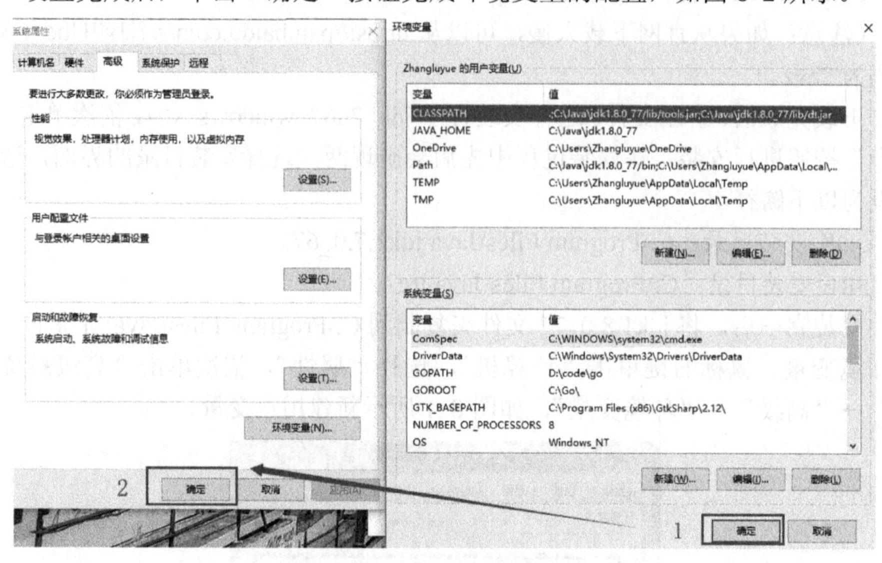

图 8-2　环境变量的配置

复制 android-sdk-windows 文件夹到计算机任意目录下。（注意：不能在中文目录下。）

复制完成后，打开 Unity，新建一个项目，依次单击“Edit”→“Preferences”选项。

单击 SDK 地址框右边的“Browse”按钮，如图 8-3 所示。在打开的对话框中，找到刚复制的 android-sdk-windows 文件夹所在路径，如图 8-4 所示，然后单击“选择文件夹”按钮。

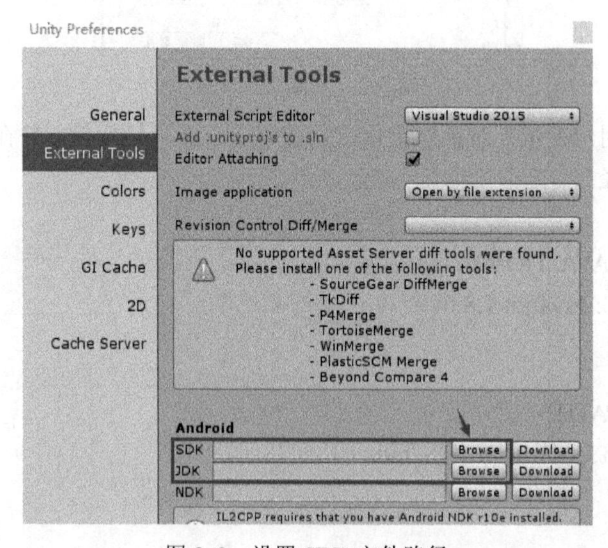

图 8-3　设置 SDK 文件路径

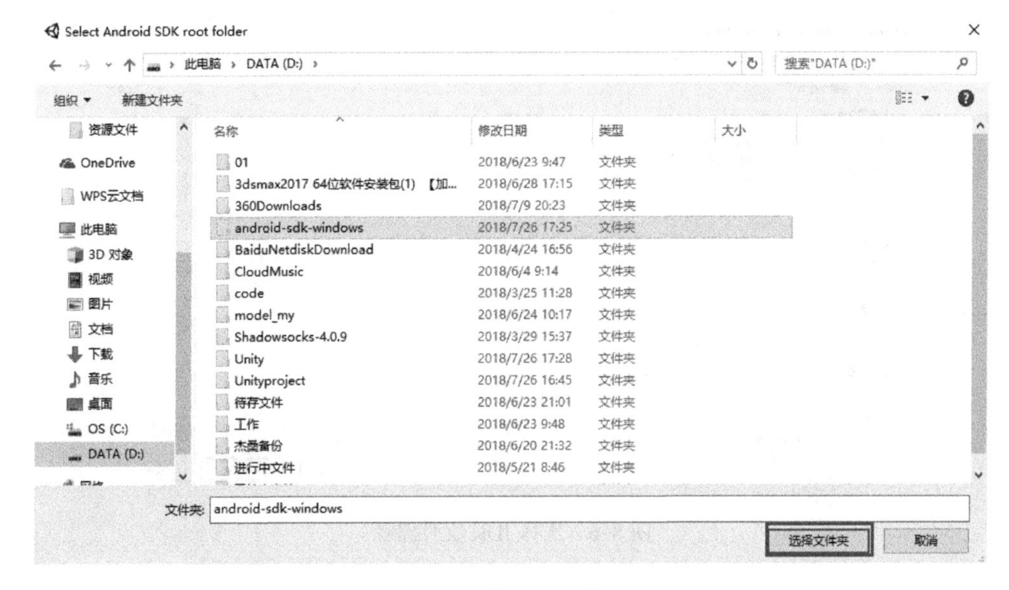

图 8-4　选择 SDK 文件路径

同样地，在 JDK 地址框右边单击“Browse”按钮，如图 8-5 所示，在打开的对话框中找到文件路径 C:\Program Files\ Java\jdk1.8. 0_77，如图 8-6 所示，或直接将该路径复制到图 8-5 所示的光标处。

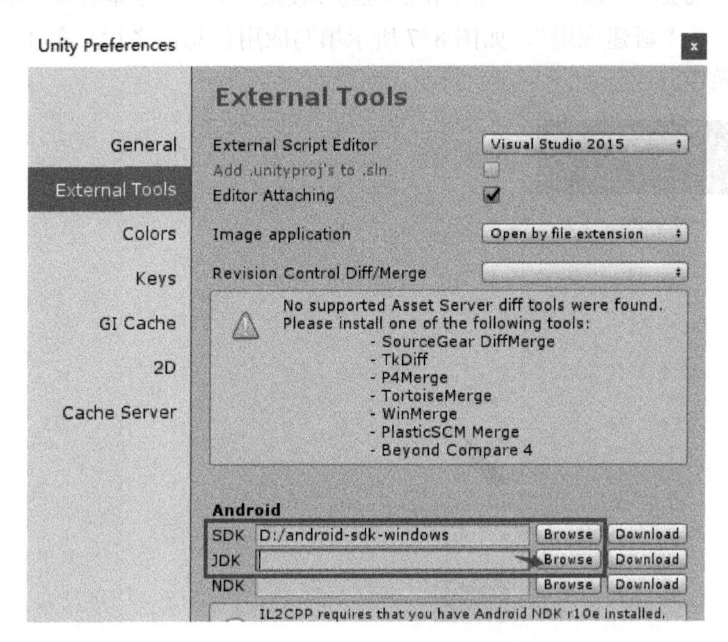

图 8-5　设置 JDK 文件路径

至此，Android 环境配置完毕。

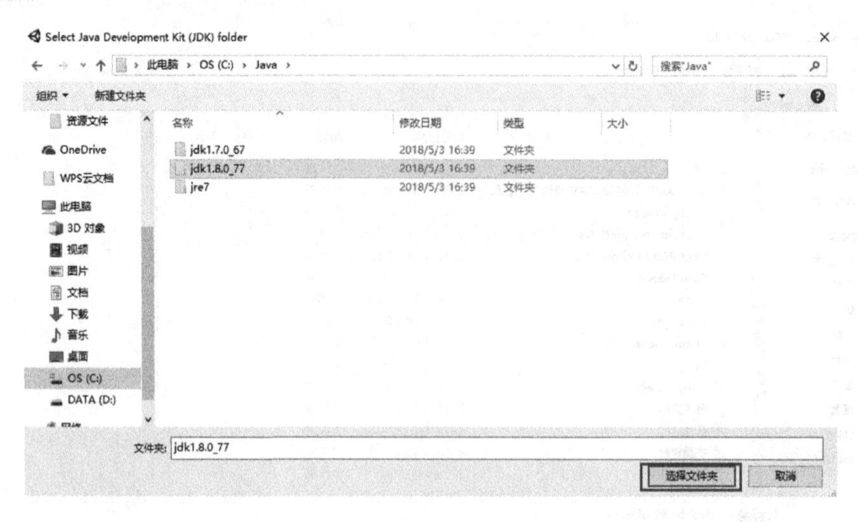

图 8-6　选择 JDK 文件路径

8.3.3　制作识别图

在浏览器中访问 https://portal.hiar.io/html/user/signin/，进入 HiAR 管理平台。单击页面右上角的“注册”超链接，填写注册信息和验证邮箱，即可完成注册。

返回登录页面，输入电子邮箱和密码进行登录。单击“基本管理”下的“查看所有应用”→“新建应用”，如图 8-7 所示填写应用信息。之后，单击“下一步”按钮完成操作。

图 8-7　填写应用信息

新建一个文档，将本次应用的 AppKey 与 Secret 保存到该文档中，如图 8-8 所示，获取应用密钥。

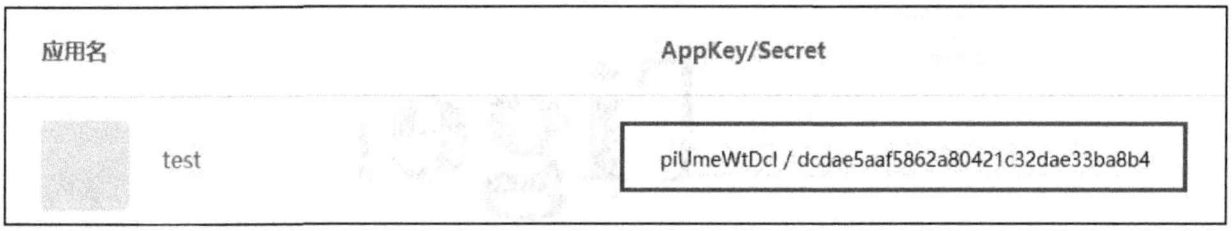

应用名	AppKey/Secret
test	piUmeWtDcl / dcdae5aaf5862a80421c32dae33ba8b4

图 8-8　获取应用密钥

依次单击页面左上角的“图集管理”→“新建图集”→“新建”，如图 8-9 所示，新建图集。

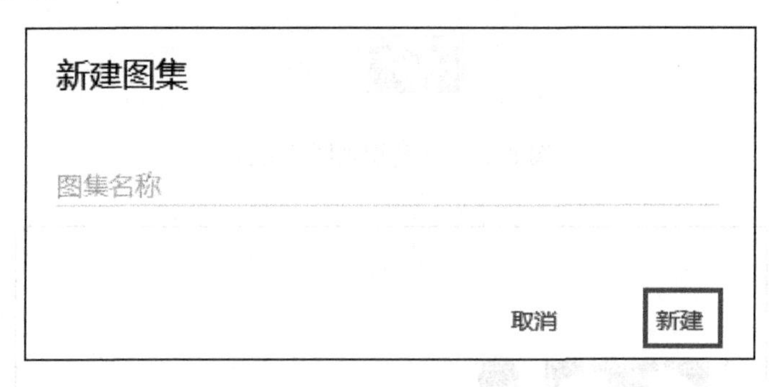

图 8-9　新建图集

输入图集名称“test”后，生成新的 ID，新图集的图片用量为 0/1000，如图 8-10 所示。

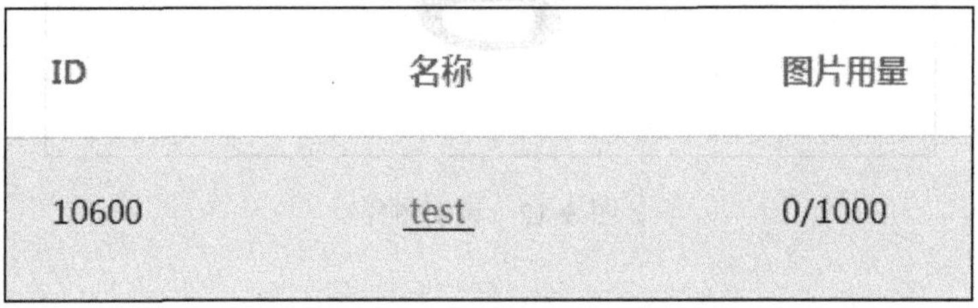

ID	名称	图片用量
10600	test	0/1000

图 8-10　生成图集

单击该图集名称“test”，单击“添加识别图片”，进入如图 8-11 所示的上传识别图片界面。

以 Tiger 为例，识别图片如图 8-12 所示。

单击白色加号添加一张自己所需的图片，输入图片名称后单击“完成”，即可生成该识别图片的 Target ID 及可识别度。勾选该图片，单击右上角的“发布图集”选项，如图 8-13 所示，发布图集。

图 8-11　上传识别图片界面

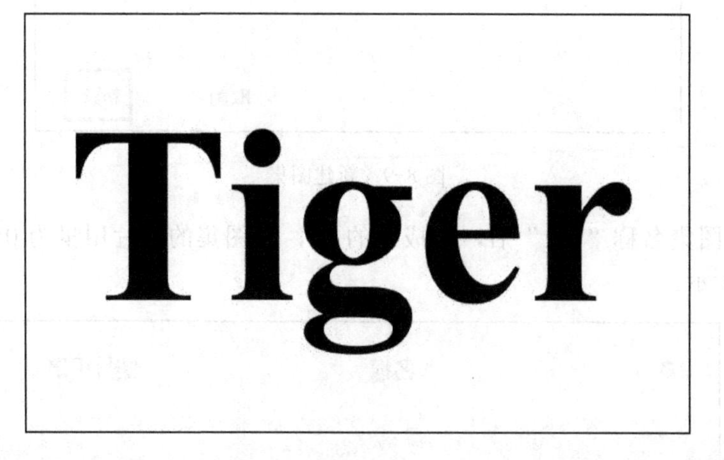

图 8-12　识别图片

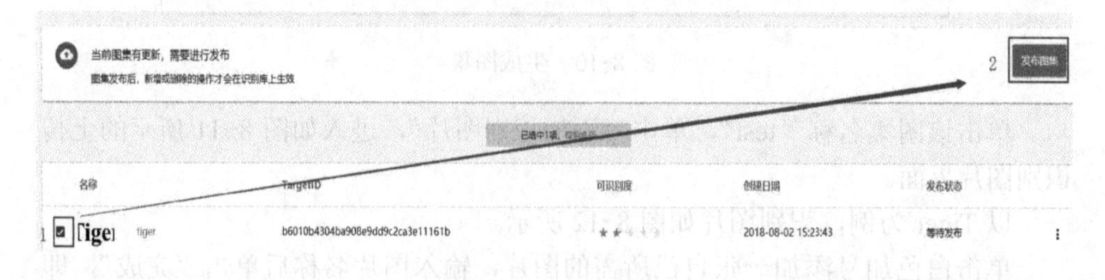

图 8-13　发布图集

稍等片刻，当发布状态变为“可识别”时，就说明识别图已经发布成功了。

返回应用管理界面，单击刚创建好的应用的“关联图集”选项，如图 8-14 所示。

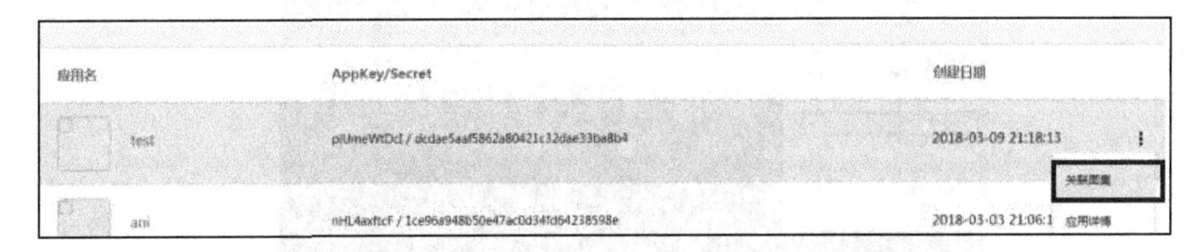

图 8-14　关联图集

如图 8-15 所示，勾选“test”选项，单击“完成”按钮设置图集关联。

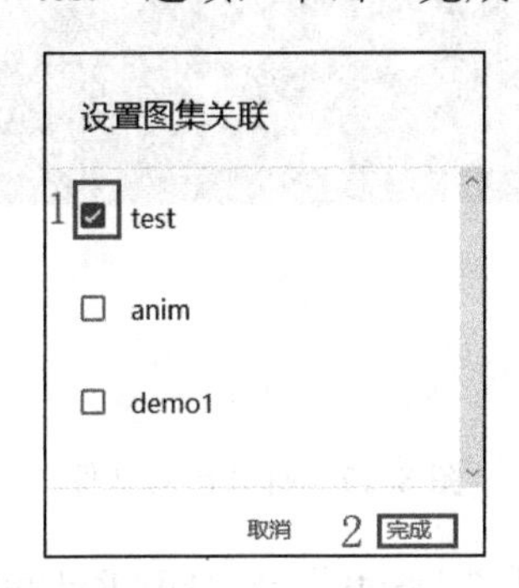

图 8-15　设置图集关联

返回图集管理界面，勾选识别图，再单击“下载选中项”，选择如图 8-16 所示选项，即可下载 Unity SDK。

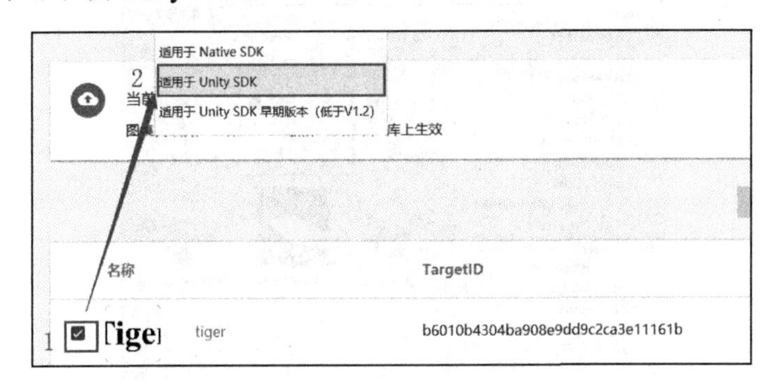

图 8-16　下载 Unity SDK

至此，对应该识别图的.unitypackage 格式文件就制作好了。

▷▷▷ 8.3.4　搭建场景

在 Unity 中依次单击“File”→“Open Project...”选项，在“文件夹”框

中输入“start”，单击“选择文件夹”按钮打开 start 工程，如图 8-17 所示。

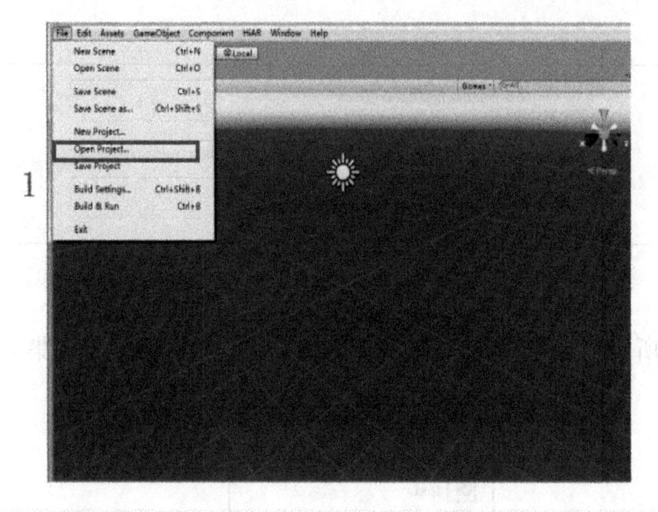

图 8-17　打开已有文件

在 Project 窗口中，打开“Assets”→“HiAR-Unity”→“Prefabs”文件夹，将 HiAR Camera 预制件拖曳至 Hierarchy 面板中，选中 Main Camera，单击“Delete”按钮将其删除，如图 8-18 所示，完成 HiAR 预制件设置。

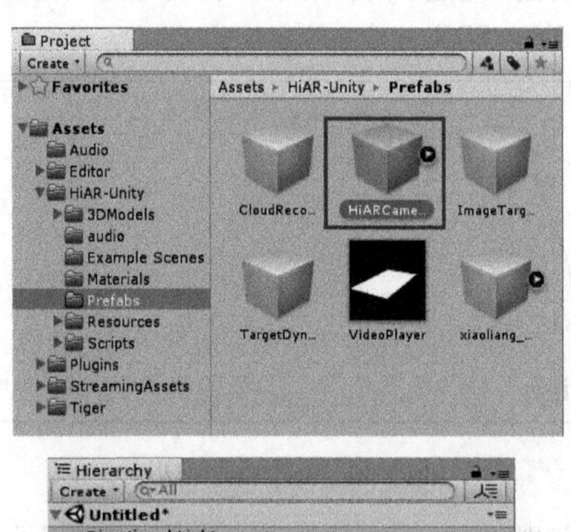

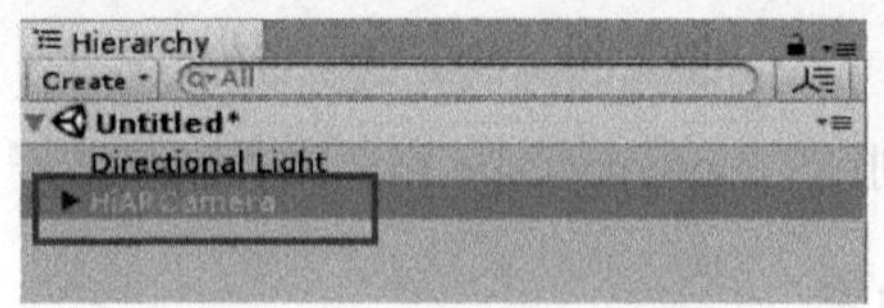

图 8-18　HiAR 预制件设置

接下来，将 ImageTarget 预制件拖曳至 Hierarchy 面板中的 HiARCamera 上，使其成为 HiARCamera 的子物体，如图 8-19 所示。

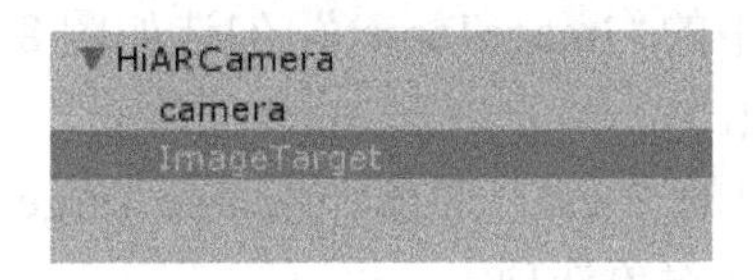

图 8-19　设置 ImageTarget 为子物体

填入图集密钥：单击 Hierarchy 面板中的"HiARCamera"，将 AppKey 和 Secret 填入 Hi AR Engine Behaviour（Script）参数区中的相应位置，如图 8-20 所示。

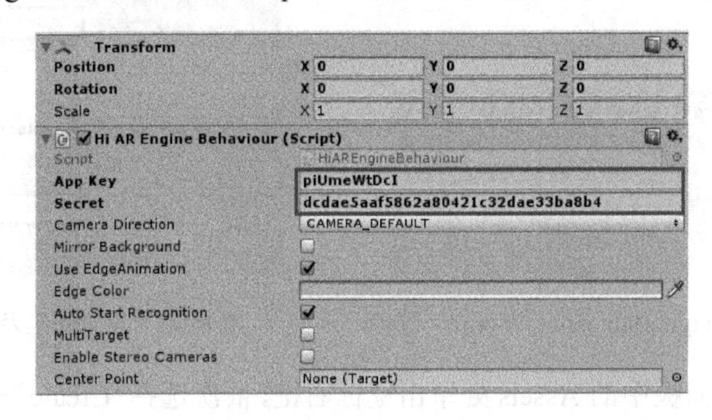

图 8-20　填入图集密钥

单击"Assets"→"Import Package"→"Costom Packages..."，选择在前期准备步骤中下载好的.unitypackage 格式的识别图文件，单击"打开"按钮。在之后弹出的窗口中单击"Import"按钮将该文件导入，如图 8-21 所示。

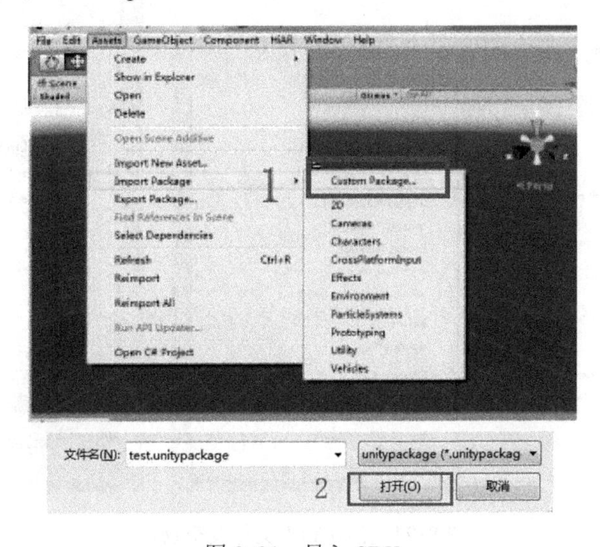

图 8-21　导入 SDK

为避免由于云平台更新造成的识别图文件下载失败问题，在 start 工程文件中已导入该 test 文件，开发者也可在此基础上导入自己的识别图文件。

单击 Hierarchy 面板中的“ImageTarget”，勾选如图 8-22 所示的“Image Target Behaviour（Script）”选项。

选择 Target Group 中的“test”选项和 Image Target 中的“tiger”选项，如图 8-23 所示，设置图集及对象选项。

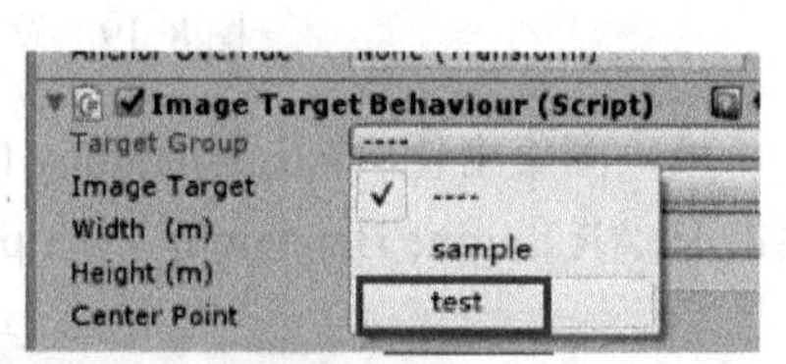

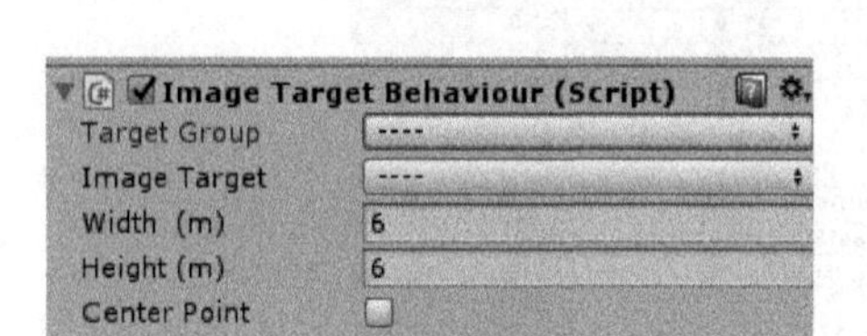

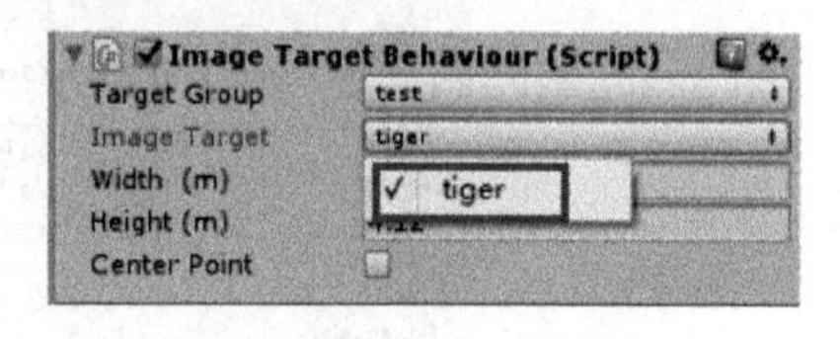

图 8-22　Image Target Behaviour（Script）选项　　　图 8-23　设置图集及对象选项

在 Project 面板中的 Assets 处单击鼠标右键，依次选择“Create”→“C# Script”，创建一个新的脚本文件。然后，在 Hierarchy 面板中空白处单击鼠标右键，选择“Create Empty”选项，创建一个空物体，如图 8-24 所示。

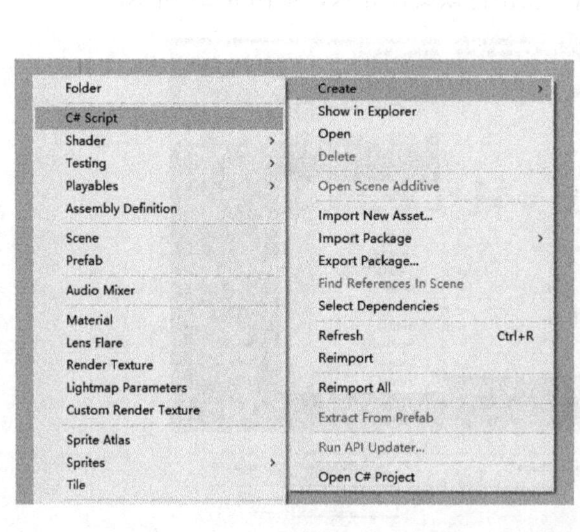

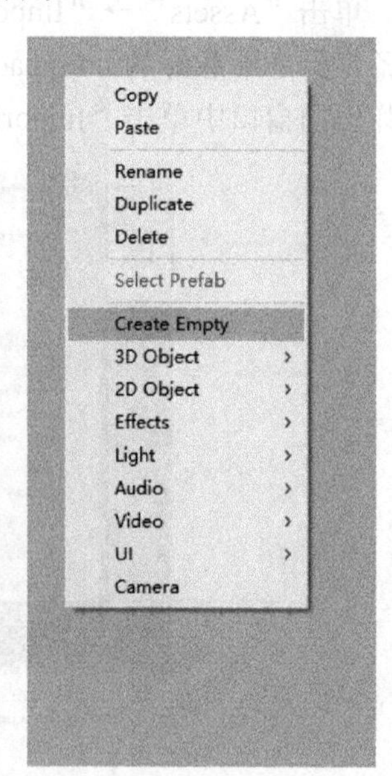

图 8-24　创建脚本文件及空物体

将空物体重命名为 Englishsound，将脚本文件重命名为 TouchTap，如图 8-25 所示。

图 8-25　重命名脚本文件

将以下代码输入脚本文件 TouchTap 中，单击“保存”按钮完成操作。

```
using UnityEngine;
using System.Collections;
using System.Collections.Generic;

public class TouchTap : MonoBehaviour {
    public GameObject Ani;
    public GameObject Ani_1;
    void Start () {
    }

    void Update ()
    {
        if (Input.GetMouseButtonDown(0))                    //若触摸屏幕
        {
         Ray ray=Camera.main.ScreenPointToRay(Input.mousePosition);
                                                    //添加从触摸点发射的射线
         RaycastHit hitInfo;                                //定义碰撞信息
         if (Physics.Raycast(ray, out hitInfo))
         {
            if (gameObject.tag == "Tigersound")
                                        //若标签为 Tigersound 的物体被选中
            {
```

```
                if (Input.touchCount == 1 && Input.GetTouch(0).phase == Touch
        Phase.Began)                                        //若触摸屏幕一次
                {
                        if (Input.GetTouch(0).tapCount == 2)  //若双击屏幕
                            Ani_1.GetComponent<AudioSource>().Play();
                                                              //播放音频 English
                }
            }
        }
    }
  }
}
```

编辑并保存代码后，单击 Hierarchy 面板中的“HiARCamera”，单击“Add Component”，在 Scripts 中选择“TouchTap”。

单击空物体“Englishsound”→“Add Component”→“Audio”→“Audio Source”。在 Project 面板中，选中 Audio 文件夹下的音频文件 English，将其拖曳至 Audio Source 下的 AudioClip 参数框中。同样地，单击“tiger_idle”，将音频文件 tigersound 拖曳至其相应的 AudioClip 参数框中，如图 8-26 所示。

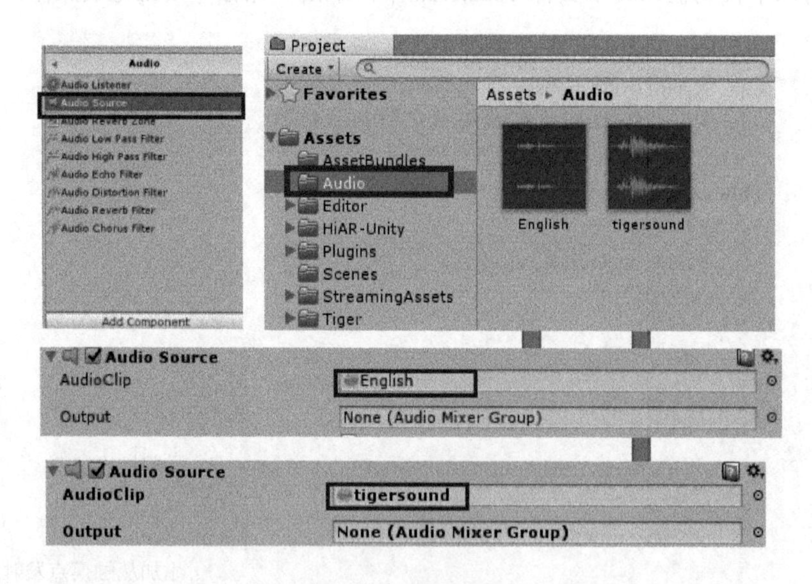

图 8-26 设置音频

将 Project 面板中 Tiger 文件夹内的 tiger_idle 文件拖曳至 Hierarchy 面板中的 ImageTarget 上，使 tiger_idle 成为 ImageTarget 的子物体。

单击“tiger_idle”，修改其 Inspector 面板下的 Transform 属性相应参数值，如图 8-27 所示。

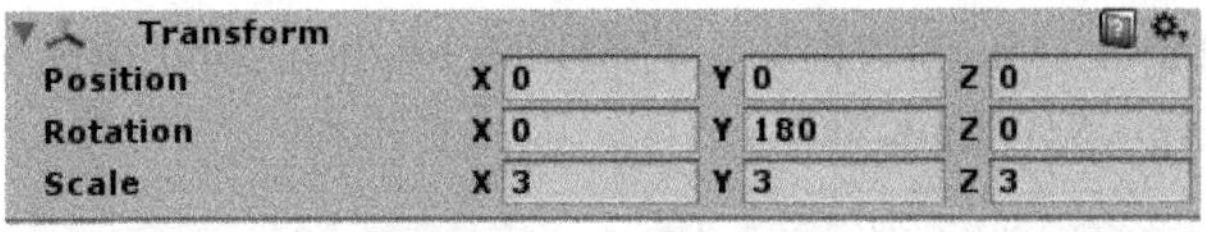

图 8-27　修改参数值

单击“tiger_idle”，依次单击 Inspector 面板中的“Tag”→“Add Tag”→“+”按钮创建 Tag，在 Tag 0 后空白处输入“Tigersound”，如图 8-28 所示。

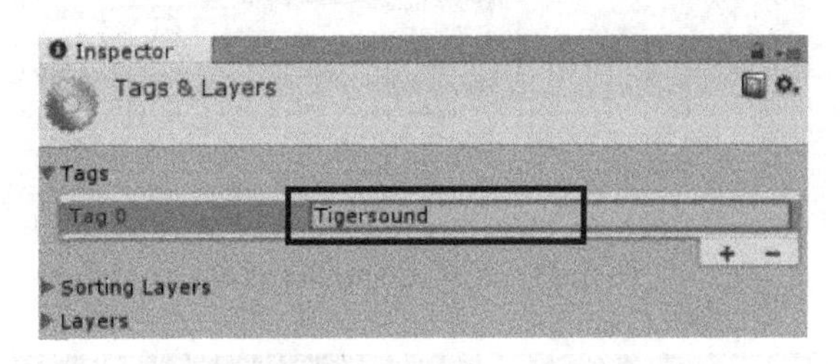

图 8-28　创建 Tag

同样地，单击空物体“Englishsound”，在 Inspector 面板中依次单击“Tag”→“Add Tag”→“+”按钮，在 Tag 1 后空白处输入“Englishsound”，然后在 Tag 选项中选择刚输入的 Englishsound。如图 8-29 所示为设置模型 Tag，如图 8-30 所示为设置空物体 Tag。

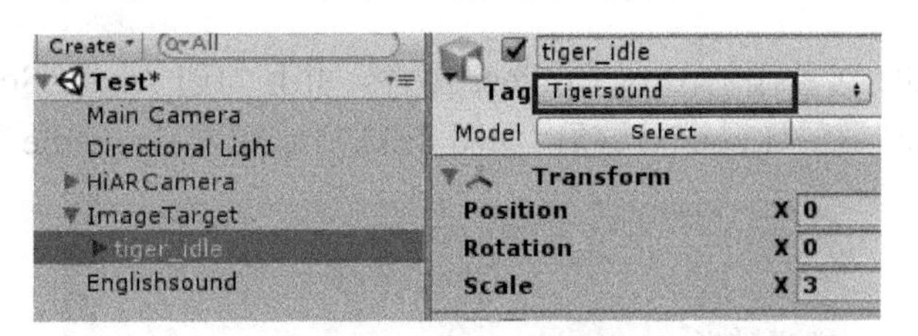

图 8-29　设置模型 Tag

图 8-30　设置空物体 Tag

将“Assets”→“Tiger”文件夹下的 tiger 拖曳至 Inspector 面板中 tiger_idle 的 Controller 参数框中，如图 8-31 所示。

单击 Hierarchy 面板上的“HiARCamera”，将子物体 tiger_idle 拖曳至 Inspector

面板中 Touch Tap 的 Ani 参数框内，将空物体 Englishsound 拖曳至 Ani_1 参数框内，如图 8-32 所示配置脚本对象。

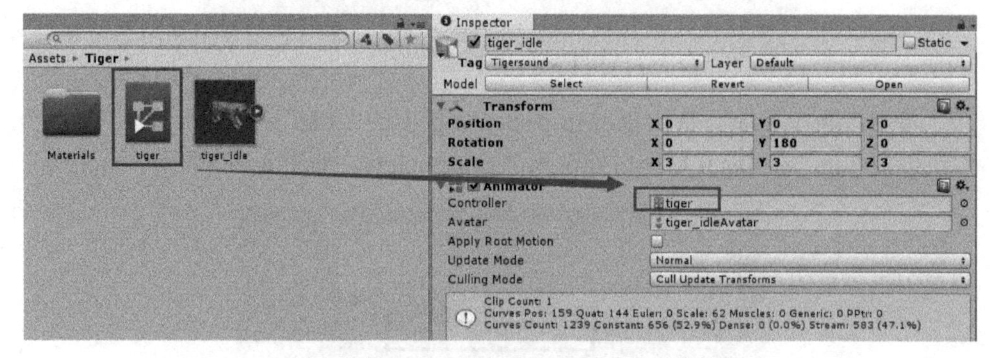

图 8-31　配置 Controller 对象

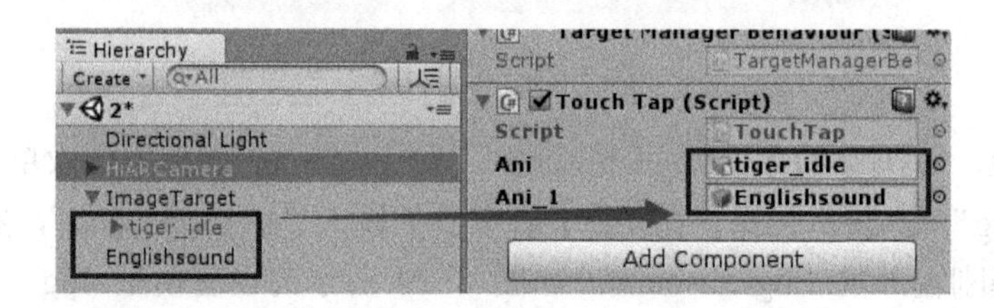

图 8-32　配置脚本对象

为 tiger_idle 对象添加 Box Collider 组件，并且勾选 Audio Source 组件中的 “Play On Awake” 及 “Loop” 选项，如图 8-33 所示配置 tiger_idle 对象。

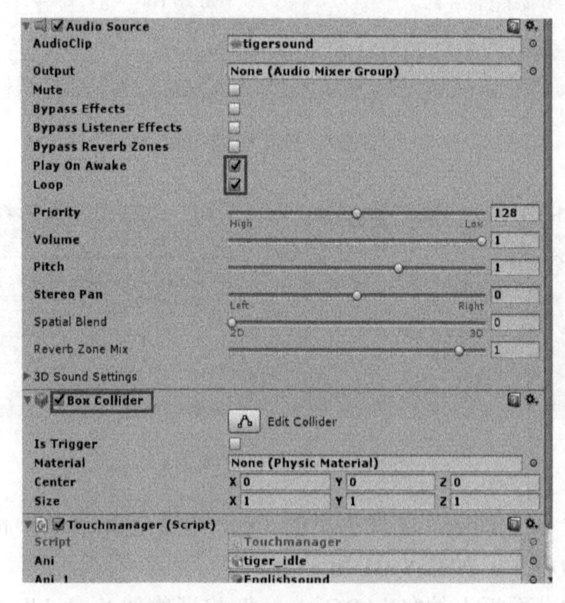

图 8-33　配置 tiger_idle 对象

同样地，为 Englishsound 对象添加 Box Collider 组件，取消勾选 Audio Source 组件中的“Play On Awake”及“Loop”选项，如图 8-34 所示配置空物体 Englishsound。

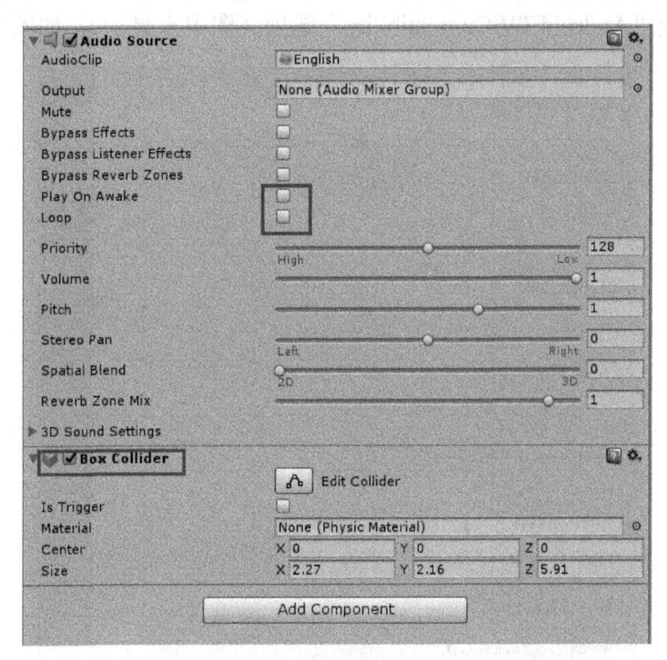

图 8-34　配置 Englishsound 对象

保存该场景，至此，该项目制作完成。

▷▷▷ 8.3.5　Android 平台作品发布

单击“File”→“Build Settings”，发布流程如图 8-35 所示。

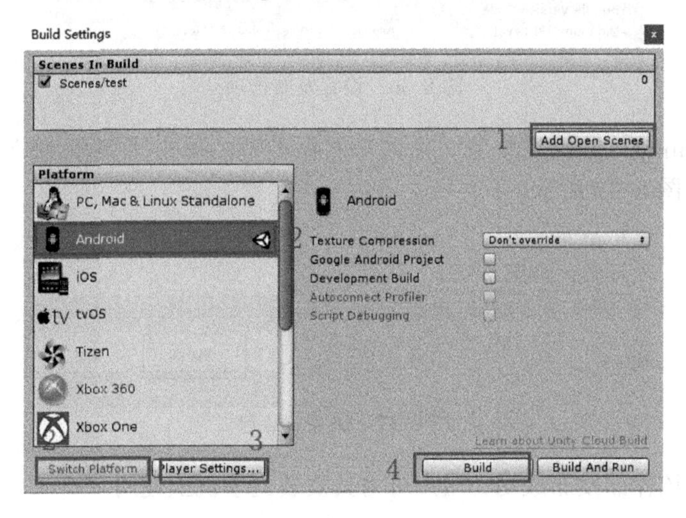

图 8-35　发布流程

在 PlayerSettings 界面中设置发布选项，在 Bundle Identifier 后输入“com. Bigc.English learning”；在 Company Name 后输入“Bigc”；Product Name 项可自定义；取消勾选“Android TV Compatibility”选项（图中未显示），如图 8-36 所示。

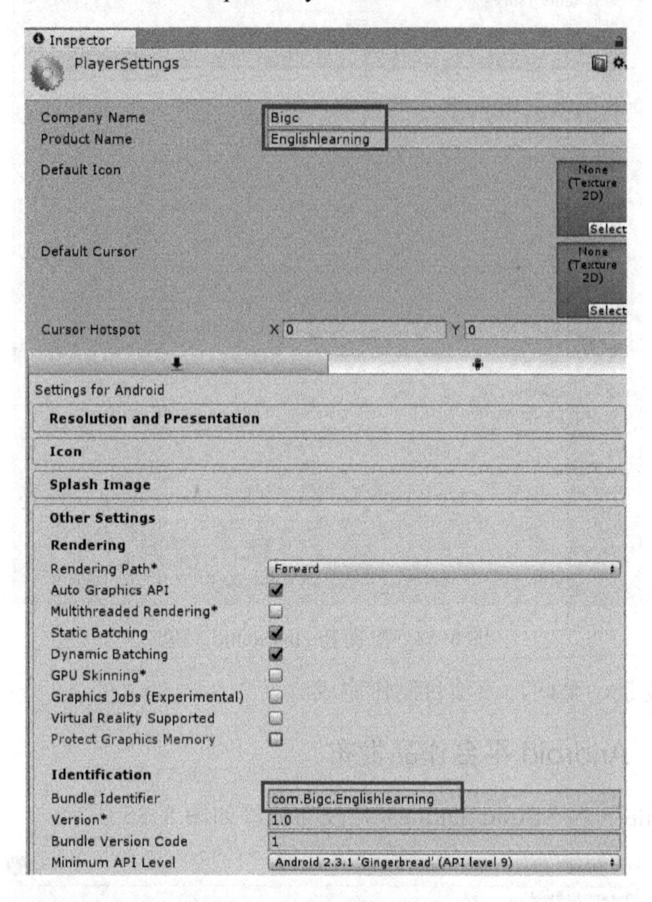

图 8-36　设置发布选项

单击 Build，编辑安装包文件名与保存类型，单击“保存（S）”按钮保存安装包，如图 8-37 所示。

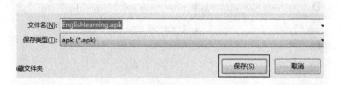

图 8-37　保存安装包

至此，该作品发布成功，用户可将其安装到手机上使用。

第 9 章　VR 云编辑器（创视界）及其实战案例

▷▷ 9.1　概述

▷▷▷ 9.1.1　背景介绍

随着 VR（Virtual Reality，虚拟现实）产业的快速发展，人们对 VR 资源的需求也日渐旺盛。无论是教学、展示还是训练、游戏，都离不开 VR 软件资源。但是，尽管目前 VR 硬件平台不断丰富，体验资源的短缺仍然是困扰业界的难题。

以教育行业为例。目前 VR 在 K12、职业教育、高等教育中已经逐渐渗透，成为信息化教育新的发力点。但是，由于教育行业学科丰富，知识点繁杂，目前的 VR 课程都是针对某专业、某知识点开发的，一般一节课的体验时间不超过 15 分钟。然而，这些课程通常由社会上的科技公司开发，往往不能切中知识的要点，也不能涵盖所有考点，所以效果不好。

从另一个角度来讲，如果要实现 VR 在教学中的大规模应用，光靠科技公司的力量是远远不够的。参考微软公司的 Office PowerPoint 软件（后面简称 PPT）来说，在其刚普及的时候也是由专人制作示范性的 PPT，然后经过逐年学习与实践，国内的大部分教师也都掌握了自己制作 PPT 的能力。所以，为了使虚拟现实走进课堂，需要一线的任课教师有亲身制作 VR 课件的能力。

VR 内容的开发有相当高的技术门槛。目前主流的 VR 开发引擎如 Unity、UE，都需要开发人员有编程的背景，并且通过超过一年的学习掌握开发软件的使用方法，这对教师来讲无疑是不现实的。

为了解决目前 VR 资源数量短缺、开发难度高、应用范围小等问题，“创视界” VR 云编辑器（后面简称创视界）应运而生。创视界无须编程背景，上手快，功能简捷，能够让普通人也具有制作 VR 资源的能力。

▷▷▷ 9.1.2 应用领域与适用对象

创视界有着开放、多元、普适的特点，能与任何学科、行业相结合，为其与VR的融合助力。

在教育行业中，教师能够把一些抽象或三维的模型、系统加载到创视界中，通过事件定义演绎方式和触发方式，一键输出到VR头盔、CAVE系统、全息设备等VR呈现平台上进行展现。在课堂上，教师就可以在虚拟的三维环境中向学生讲解课程知识点，大大提高了教学效率，改善了学生的认知效果。

在机械行业中，工程师可以将各种制作好的汽车、挖掘机等产品原型导入创视界中，并加入一些交互触发功能，一键输出到各种VR呈现平台。几个工程师可以在三维可视化的环境下对各种机械结构设计进行论证，并可以通过手柄对需要修改的地方进行标注，甚至直接实时修改。

在医疗行业中，医生可以将CT扫描出的模型通过转化导入创视界中，再通过VR平台将患者身体或某器官的三维影像展示给患者。两个人可以进入多人协同的虚拟环境，在环境中医生对患者的病情进行讲解，并给出治疗方案。这种方式可以改善以前医患沟通困难的情况，能够显著提高医患沟通效率，降低决策成本，增加治愈的可能性。

实际上，创视界可以与各行业、各学科进行融合。就像PPT在二维屏幕上展示一样，创视界为非专业人士提供了一个在三维环境中传递想法的平台，通过预制的交互模块避免了复杂的编程和逻辑。任何人都可以将现有的视频、文字、图片、三维模型、全景照片和视频等素材通过创视界转化为VR幻灯片，在虚拟现实环境中向外界传递自己的想法，展示自己的灵感。

▷▷▷ 9.1.3 名词定义

- 虚拟现实：虚拟现实是一种可以创建和体验虚拟世界的计算机仿真系统，它利用计算机生成一种模拟环境，是一种多源信息融合的、交互式的三维动态视景和实体行为的系统仿真，使用户沉浸到该环境中。
- 素材：视频、文字、图片、三维模型、全景照片等现有的传统资源。
- 交互：通过手柄、手势、语音等媒介对受体实施抓取、触发、标注等动作。
- 场景：VR资源演示的三维环境。
- 模型：按照实物的形状和结构按比例制成的数字化三维物体。
- 事件：目标物体经触发发生的动作，如加载、位移、缩放等。
- 执行：目标事件通过触发而发生。
- 属性：物体的识别特征，如大小、坐标、透明度等。
- 触发：因触动而激发某种变化。

9.2 软件概览

9.2.1 系统结构

创视界分为客户端、编辑器、数据库和 VR 运行器等几部分，软件可以从 www.zanvr.com 官网下载，其系统结构如图 9-1 所示。

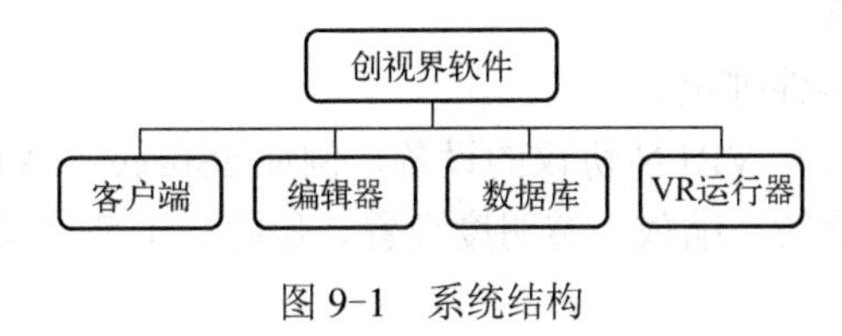

图 9-1　系统结构

客户端是用户打开软件的入口。用户可以通过客户端进行创建工程、管理存储路径等操作。

编辑器是编辑三维场景和事件的软件环境，里面包括了资源界面、属性界面、事件界面和三维场景几部分，并内置了通往 VR 运行器的入口。

数据库是存储工程和资源信息的文件夹，里面存储了工程编号、事件代码、预置和用户自有资源、参数信息等。

VR 运行器能够帮助用户在 VR 环境中体验刚刚制作的 VR 资源，通过 VR 外设进行交互。VR 运行器内置了三维 UI 和通用功能，支持在三维场景中漫游、抓取、标注、测距等操作。

9.2.2 系统功能简介

创视界能够承载素材导入、加工，满足全 VR 流程展现需要。

- 创视界支持用户向资源库中导入本地三维模型，并进行管理。
- 用户可以在三维环境中使用本地素材搭建三维场景。
- 用户可以调整各个单元和模型的属性参数。
- 用户可以调整环境参数以呈现最佳效果。
- 用户可以通过逻辑序列的方式创建交互事件。
- 用户可以通过创视界预览所编辑的 VR 交互场景。
- 用户可以在 VR 设备上一键体验所编辑的交互场景。

9.2.3 性能指标

- 实时光照与阴影。
- C#纯底层语言编写。
- 账户密码登录验证。

- 动态验证码安全验证。
- 统一资源管理，按类型分为项目、模型资源、文本资源、图片资源、音频资源、视频资源六大分类。
- 支持导入再编辑。
- 支持自定义项目保存路径。
- 支持资源缩略图。
- 支持模糊搜索。
- 支持资源及事件绑定。
- 支持大部分具有 VRPN 协议的设备，例如 zSpace、 VR 头盔、CAVE 等。
- 支持平移、旋转、缩放、透明度设置、显隐、子部件操作、动画播放、标注等事件。
- 支持 VR 漫游、测距、激光笔、实体抓取、空中标注等功能。
- 支持多人协同。
- 支持双重加密、解密，深度加密、解密及压缩加密、解密共存。

9.3 运行环境

9.3.1 硬件环境

硬件环境要求如表 9-1 表示。

表 9-1 硬件环境要求

推荐配置	
处理器	Core i7 7700 及以上
内存	16 GB 以上
显卡	GTX1080 8 GB 显存
硬盘	固态硬盘：256 GB；机械硬盘：2 TB

9.3.2 软件环境

软件环境要求：Windows 7 或 Windows 10。

9.4 使用说明

9.4.1 启动创视界

创视界系统图标如图 9-2 所示。

图 9-2　系统图标

双击桌面上的创视界图标，即可启动该系统。创视界启动后会进入场景管理界面，如图 9-3 所示。

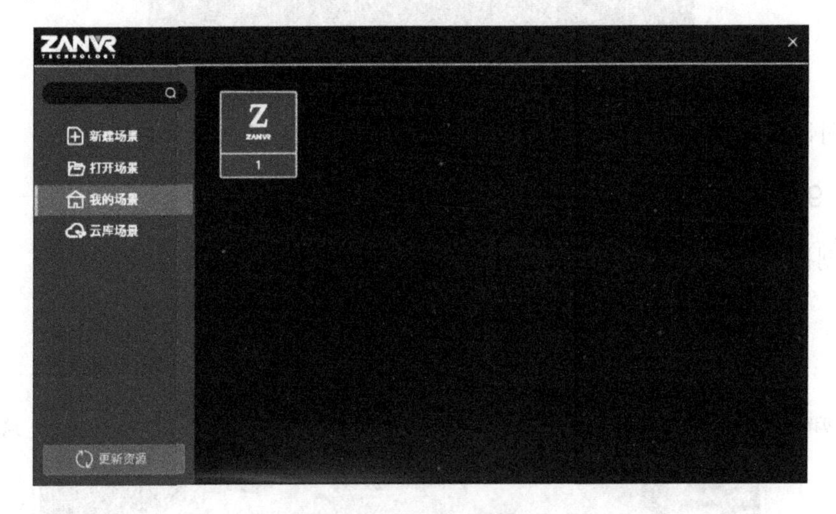

图 9-3　场景管理界面

新建场景：单击左侧的“新建场景”，会弹出场景编辑菜单。新建场景界面如图 9-4 所示。

图 9-4　新建场景界面

填入场景名称和场景路径（必填项），然后单击“创建”按钮，将出现场景缩略图，如图 9-5 所示。

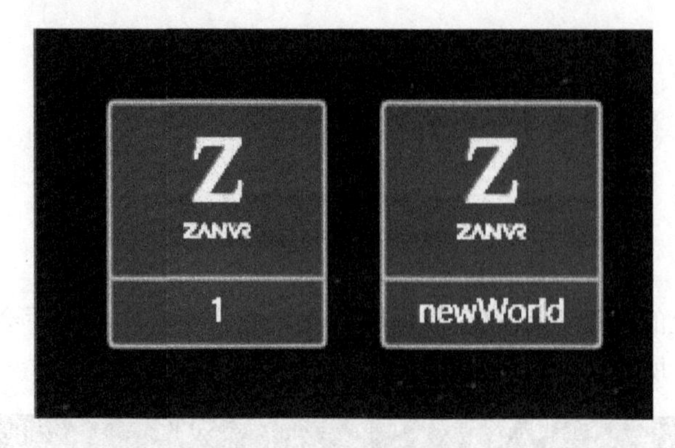

图 9-5　场景缩略图

可以选择已有的场景或新建场景，单击缩略图即可打开对应场景。

▷▷▷ 9.4.2　布局介绍

创视界界面布局如图 9-6 所示。

脚本编辑区

属性区

素材资源区

图 9-6　创视界界面

创视界界面分为以下五个功能板块。

（1）素材资源区：位于界面下方，显示三维素材资源，也支持用户自有资源导入。

（2）三维预览编辑区（3D 视窗）：位于界面中央，显示模型的空间位置，提供可视化编辑功能。

（3）属性区：位于界面右侧，显示模型的参数，提供调节选项。

（4）脚本编辑区：位于界面左侧，显示逻辑事件序列。

（5）标题栏：位于界面正上方，控制全局状态，有预览和一键 VR 的按钮。

▷▷▷ 9.4.3　素材资源区功能介绍

图 9-7 所示为素材资源区，其中包括素材一级分类和素材二级分类。

界面左侧的素材一级分类提供云库资源和本地资源的切换选项。界面右侧为素材二级分类。

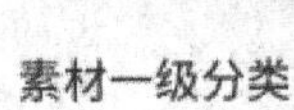

图 9-7　素材资源区

1. 云库资源

用鼠标左键单击云库资源按钮后显示不同的科目分类菜单，单击相应选项，即可在右侧显示该科目所包含的三维资源。素材库如图 9-8 所示。

图 9-8　素材库

将鼠标光标置于素材库中所需图片上，按住鼠标左键，可将图片拖曳到三维预览编辑区中，实时生成三维模型。

2. 本地资源

单击本地资源按钮，弹出本地资源库。在对应的菜单里，用鼠标左键单击“+”按钮，即可进入资源加载界面。本地素材如图 9-9 所示。

图 9-9　本地素材

在资源加载界面，可以访问本机的任意文件夹并导入本地的资源。如图 9-10 所示为添加本地素材。

图 9-10 添加本地素材

9.4.4 三维预览编辑区功能介绍

在三维预览编辑区（3D 视窗）可以实时观看所编辑的场景，并通过快捷按钮更改模型的坐标、方向、大小等属性，从而实现快速搭建三维场景。三维编辑区如图 9-11 所示。

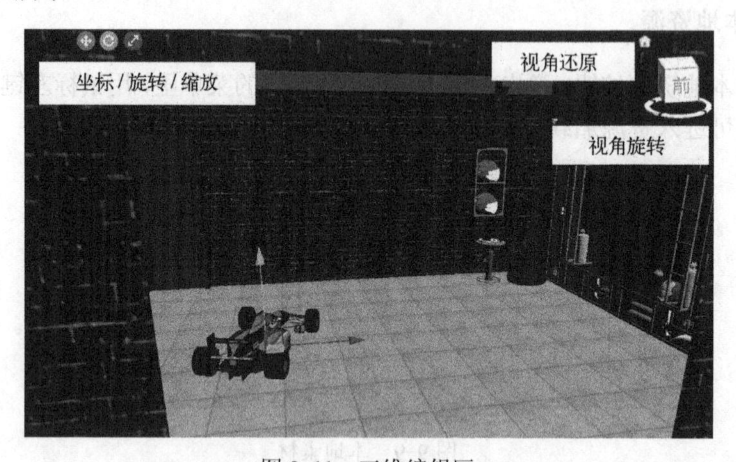

图 9-11 三维编辑区

在三维预览编辑区，主要靠鼠标进行操作。移动光标并单击鼠标左键，可以选中模型、按钮等。

按住鼠标右键并滑动鼠标，可以以当前画面中心点为基点，转动视角方向。

按住鼠标中键（滑轮）并滑动鼠标，可以改变视角的中心点。前后推动滑轮，可以拉近或拉远视点到物体的距离。鼠标中键示例如图 9-12 所示。

单击鼠标左键选中模型，再单击坐标按钮（或在键盘上按“W”键），出现相互垂直的箭头。用鼠标拖动对应方向的箭头即可在单方向上实现模型的直线位移。用鼠标拖动两个箭头定义的方形区域，即可在对应平面内自由移动模型位置。平移功能如图 9-13 所示。

图 9-12　鼠标中键示例

图 9-13　平移功能

单击选中模型，再单击旋转按钮（或在键盘上按“E”键），会在模型上出现圆形的轮廓线。拖动某个方向上的轮廓线，即可在对应方向上旋转模型。旋转功能如图 9-14 所示。

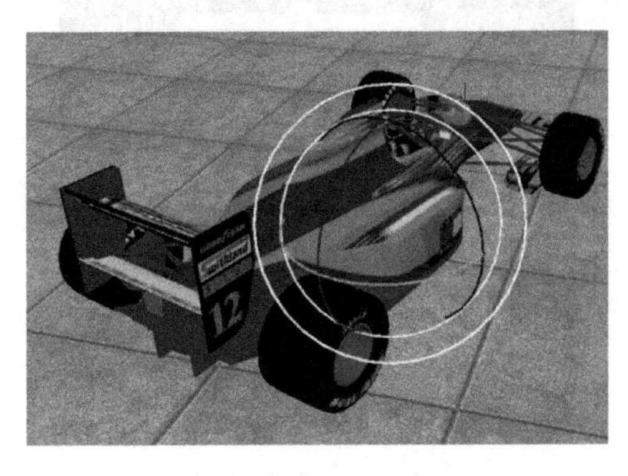

图 9-14　旋转功能

单击选中模型，再单击缩放按钮（或在键盘上按“R”键），会在模型上出现三条带小方块的线段。拖动某个方向上的线段，即可在对应方向上对模型实现拉伸效果。单击中心的白色方块并向外 / 向内拖动，即可对模型进行等比例放大 /

缩小。缩放功能如图 9-15 所示。

图 9-15 缩放功能

▷▷▷ 9.4.5 属性区功能介绍

属性区包括场景属性面板与模型属性面板。场景属性面板通过在三维预览编辑区任意非模型空白位置单击鼠标左键弹出；模型属性面板通过在任意三维模型上单击弹出。

1. 场景属性面板

场景属性如图 9-16 所示。

- 光照强度：调节全局的光照强度，用鼠标左键拖动滑块进行改变。

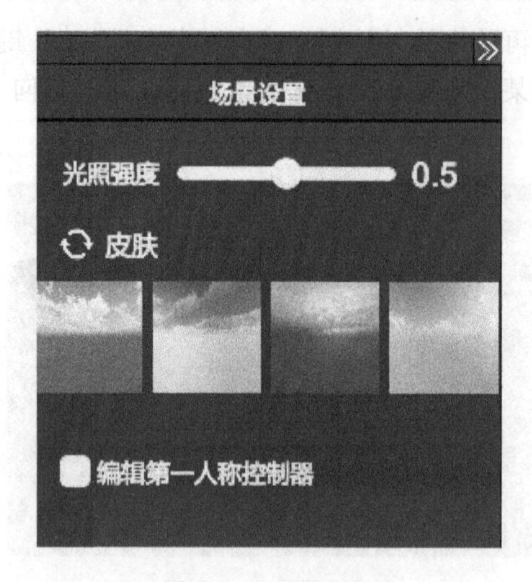

图 9-16 场景属性

- 皮肤：切换全局的天空盒背景图，通过鼠标左键单击进行切换。
- 编辑第一人称控制器（如图 9-17 所示）：此模块非常重要，用于生成虚拟化身。

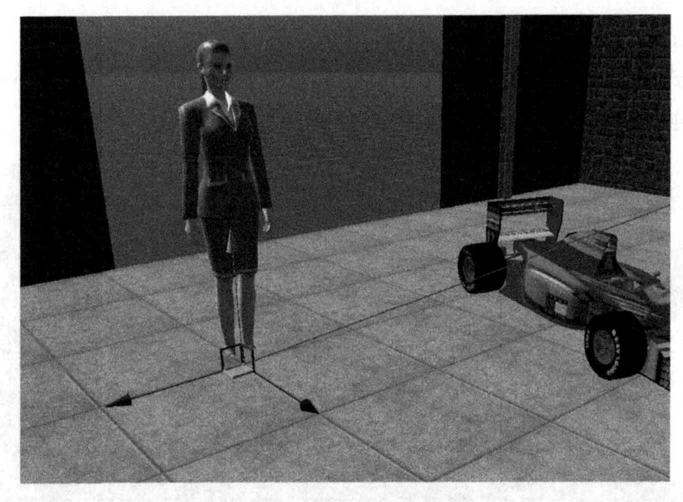

图 9-17　第一人称控制器

在创建任意 VR 场景之前，应该先将此模块勾选，从而在 VR 场景中生成使用者的化身（Avatar）。该化身为 1.7m 高的女性，其在 VR 场景中的空间位置即使用者的“出生点”。化身可通过拖动箭头改变位置。

在任意 VR 场景编辑过程中，均可以以化身为绝对长度参照物，从而确定其他三维模型合适的长度或体积。

2. 模型属性面板

在左侧序列面板或 3D 视窗中单击选择模型，属性面板会出现该模型的状态属性。通过改变面板参数，可以改变模型的呈现状态。模型属性面板如图 9-18 所示。

属性面板内具体参数介绍如下。

- 位移：通过输入不同的 X/Y/Z 坐标改变模型的空间位置，与快捷键同步。
- 旋转：通过输入不同的值改变模型的方向，与快捷键同步。
- 缩放：通过输入不同的值改变模型的大小，与快捷键同步。
- 不透明度：通过拖动滑块改变物体的不透明度。
- 拆分：勾选后，模型显示拆分后的形态（适用于预制可拆分模型）。
- 标签：勾选后，在模型的上方会出现标签栏，可在面板的描述栏输入文字，文字自动在 3D 视窗标签上显示。

图 9-18　模型属性面板

● 皮肤：改变模型的外观皮肤。

触发方式：用于选择使用何种方式触发当前逻辑操作。当前版本有三种触发方式：自动触发、按键触发和碰撞触发，如图 9-19 所示。

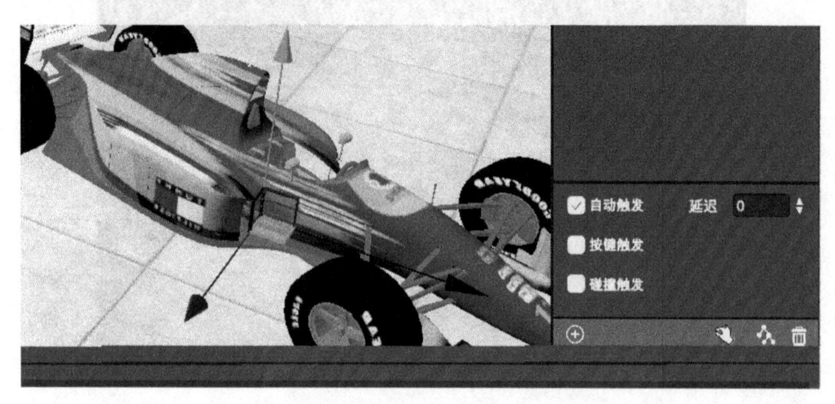

图 9-19　触发方式

触发方式界面具体参数介绍如下。

● 自动触发：与序列面板联动，按顺序播放事件。
● 按键触发：与序列面板联动，通过扣动扳机播放事件。
● 碰撞触发：与序列面板联动，通过人物、手柄或物体模型碰撞到碰撞预制体触发事件。预制体的位置、方向与形状可以通过按键盘的“W”“E”“R”按键进行改变。碰撞触发如图 9-20 所示。
● ⊕：添加事件，详细解释见脚本编辑区序列面板部分。
● （抓取图标）：此图标点亮则此模型可在 VR 环境下被抓取，图标熄灭则不可抓取。
● （选择图标）：此图标点亮则此模型在三维场景中可被选中，图标熄灭则不可选中。

图 9-20　碰撞触发

● 🗑：单击此图标则删除当前模型。

▷▷▷ 9.4.6　脚本编辑区功能介绍

从资源面板向 3D 视窗中每拖曳出一个模型，就会依次在序列面板中生成一个序列按钮，定义一个“加载”的事件。序列按钮会显示该模型的（从左到右）主序号、名称、事件和触发方式。序列面板如图 9-21 所示。

图 9-21　序列面板

在序列按钮或模型上单击鼠标右键，会出现新建事件菜单，可以在该模型上添加一个新事件，如图 9-22 所示。模型事件分为位移、旋转、缩放、透明度、显隐、拆分、动画、标签和贴图 9 种。每种事件都可以定义自动或通过按键、碰撞的方式进行触发。

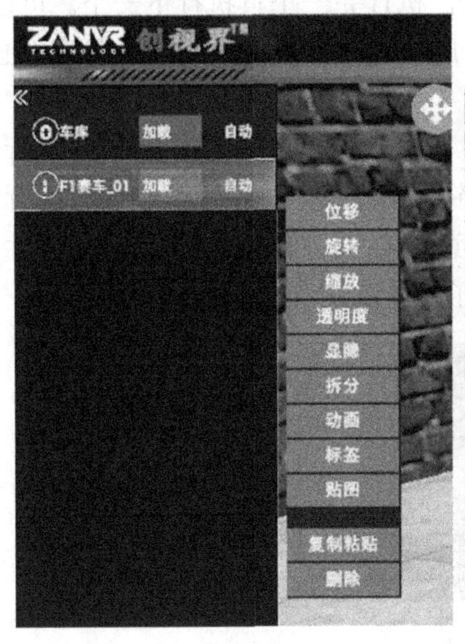

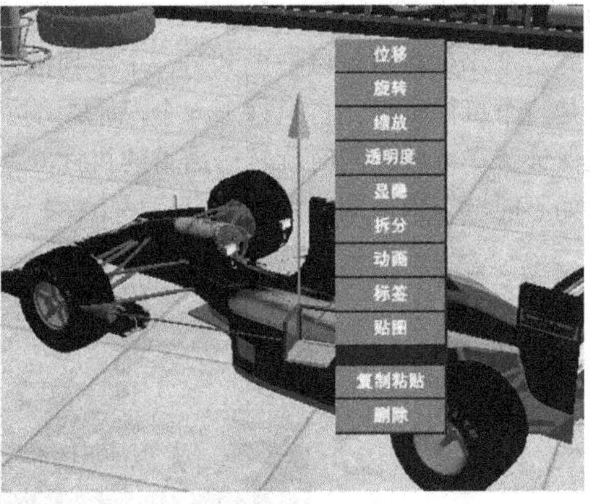

图 9-22　添加事件

- 位移：生成位移事件后，回到3D视窗，拖动位移事件中的模型至下一个空间位置点，生成新的状态，即可完成模型位移变换事件编辑。
- 旋转：生成旋转事件后，在3D视窗中旋转模型至合适的角度，生成新的状态，即可完成模型旋转事件编辑。
- 缩放：生成缩放事件后，在3D视窗中调整模型至合适的大小，生成新的状态，即可完成模型大小变换事件编辑。
- 透明度：生成透明度事件后，在3D视窗中调整模型透明度，生成新的状态，即可完成模型透明度变化事件编辑。
- 显隐：生成显隐事件后，在属性面板中勾选或取消物体的显隐属性，生成新的状态，即可完成模型显隐事件编辑。
- 拆分：生成拆分事件后，在属性面板中勾选或取消物体的拆分属性，生成新的状态，即可完成模型拆分事件编辑。
- 动画：生成动画事件后，模型会播放自带的动画（内置动画）。
- 标签：生成标签事件后，在属性面板中勾选或取消物体的标签，输入标签内容（勾选状态），生成新的状态，即可完成标签事件编辑。
- 贴图：生成贴图事件后，在属性面板中选取目标贴图，生成新的状态，即可完成贴图的事件编辑。
- 复制粘贴：单击“复制粘贴”后，会在3D视窗中模型的原位置生成镜像模型，可对镜像模型执行任意操作。
- 删除：单击“删除”后，会删除本条序列事件。

运行场景后故事线会按照序列号逐个执行，执行完一个再执行下一个。可以通过上下拖曳序列按钮来编辑模型事件的执行顺序，但要注意模型的加载事件必须最先执行。

一个序列按钮可以拖曳到另一个序列按钮下方，成为其子物体，可同时执行。不是一个事件执行完再执行下一个，而是父按钮执行时，子按钮事件也同时执行，这保证了在位移的同时旋转等需求的执行（注意，父、子按钮不能为同一种事件，比如不能一个物体同时执行两个位移事件）。子物体如图9-23所示。

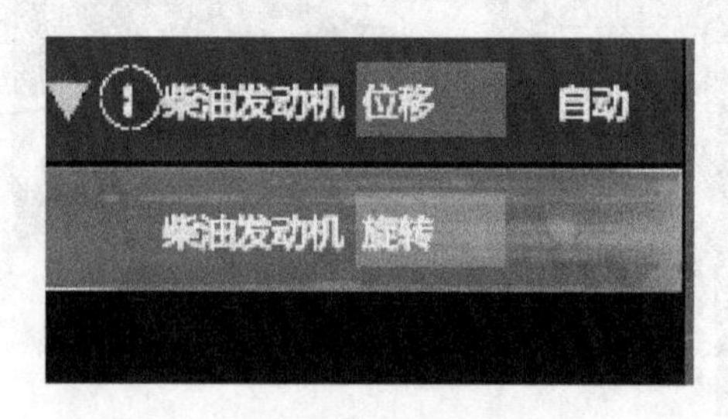

图9-23　子物体

9.4.7　标题栏介绍

标题栏中包含了一系列按钮，如图 9-24 所示。

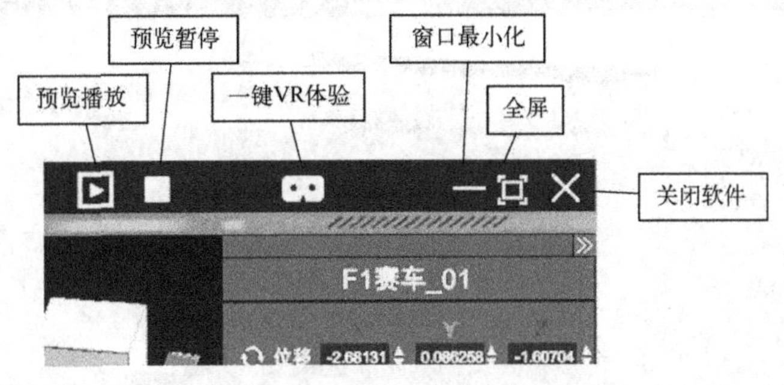

图 9-24　标题栏

- 预览播放：用鼠标左键单击此按钮，可在 PC 端实时预览制作的 VR 内容。也可用键盘“N”键代替触发。
- 预览暂停：单击此按钮后退出预览状态，回到编辑界面。
- 一键 VR 体验：在 PC 端连接 VR 头盔的前提下，单击此按钮后直接进入 VR 模式。此时戴上头盔，即可在 VR 环境中体验编辑的内容。
- 窗口最小化：可将窗口最小化隐藏。
- 全屏：全屏显示编辑界面。
- 关闭软件：单击后创视界关闭，所有编辑内容自动保存。

9.4.8　VR 运行器

单击一键 VR 体验按钮后，在 VR 环境中存在三维 UI 界面，每个气泡对应一个功能，可以通过相应功能在 VR 空间中实现移动、演示、测距、标注、抓取等功能。

在 VR 空间内存在一个虚拟的手柄，用户可以通过手柄与 VR 世界进行交互。按住菜单键，可以弹出动作选项，分别为移动（小人）、演示（箭头）、测距（尺子）、标注（画笔）、抓取（小手）5 个功能。操作功能如图 9-25 所示。

图 9-25　操作功能

保持按住菜单键不动，移动手柄位置到指定动作按钮上，松开菜单键，即可选中操作功能，如图9-26所示。

图9-26 选中操作功能

- 移动：选中移动功能后，可以在场景中自由漫游。按住手柄圆盘的某个方向，化身即可向该方向进行线性移动。为避免眩晕，也可使用瞬移的方式移动。若扣住扳机，即可出现一条蓝色抛物线，其落点是瞬移的落点。瞬移功能如图9-27所示。

图9-27 瞬移功能

- 演示：选中该功能后，再扣动扳机，即可执行编辑界面中“按键触发”的事件。
- 测距：选中该功能后，手中会出现测距仪。测距仪显示屏上显示手到射线末端的直线距离，测距功能如图9-28所示。

图 9-28　测距功能

- 标注：选中该功能后，手中会出现画笔。按住扳机，即可在空间中绘画或进行标注；重复选中一次画笔功能，即可消除上一次的痕迹。标注功能如图 9-29 所示。

图 9-29　标注功能

- 抓取：选中该功能后，将手柄放到可抓取的物体上，扣动扳机，即可抓取物体。松开扳机，则取消抓取的状态，物体会停留在取消抓取的位置。

至此，这款零基础制作 VR 场景软件——创视界介绍完毕。

参 考 文 献

[1] Steuer J. Defining virtual reality: Dimensions determining telepresence[J]. Journal of Communication，2010，42（4）.

[2] Jayarm S，Connacher H I，Lyons K W. Virtual assembly using virtual reality techniques[J]. Computer Aided Design，1997，29（8）：575-584.

[3] 张茂军. 虚拟现实系统[M]. 北京：科学出版社，2001.

[4] 石教英. 虚拟现实基础及实用算法[M]. 北京：科学出版社，2002.

[5] 曾建超，俞志和. 虚拟现实技术及其应用[M]. 北京：清华大学出版社，1996.